祁连山典型流域冰川变化及其
气候水文效应

王 盛 著

China Meteorological Press

内容简介

河西走廊是"丝绸之路经济带"的关键区域和支撑点,水资源匮乏始终制约着区域经济和环境的可持续发展。冰川作为区域内重要的淡水资源及径流组分,其过去和未来变化对区域水循环影响显著。本书以代表性冰川野外实测为基础,以模型模拟为核心手段,分析了河西走廊典型流域的冰川演变规律、驱动机制及其未来动态,探讨了冰川融水变化对流域水文过程的潜在影响。本研究属于国际冰川学研究的经典内容,研究成果加深了对我国冰冻圈动态变化的科学认识;同时,水资源相关问题关系着我国西北干旱区的绿洲农业发展、区域水供应以及水文生态系统的可持续性,具有重要的现实意义。

图书在版编目(CIP)数据

祁连山典型流域冰川变化及其气候水文效应 / 王盛著. -- 北京 : 气象出版社, 2024. 8. -- ISBN 978-7-5029-8237-9

Ⅰ. P343.72;P468.2

中国国家版本馆 CIP 数据核字第 2024J0K276 号

祁连山典型流域冰川变化及其气候水文效应
Qilian Shan Dianxing Liuyu Bingchuan Bianhua ji qi Qihou Shuiwen Xiaoying

---

出版发行:气象出版社

地　　址:北京市海淀区中关村南大街 46 号	邮政编码:100081	
电　　话:010-68407112(总编室)	010-68408042(发行部)	
网　　址:http://www.qxcbs.com	**E-mail**:qxcbs@cma.gov.cn	
责任编辑:王萃萃　郑乐乡	终　　审:张　斌	
责任校对:张硕杰	责任技编:赵相宁	
封面设计:艺点设计		
印　　刷:北京建宏印刷有限公司		
开　　本:787 mm×1092 mm　1/16	印　　张:7.75	
字　　数:195 千字		
版　　次:2024 年 8 月第 1 版	印　　次:2024 年 8 月第 1 次印刷	
定　　价:40.00 元		

前　言

　　青藏高原是地球"第三极"，素有"亚洲水塔"之称，是我国乃至整个亚洲重要的生态安全屏障。青藏高原的冰川是纳木错、色林错等高原湖泊的维系者，是长江、黄河、恒河等十多条亚洲大江、大河的发源地，关系着 20 多亿人口的社会经济活动。这一地区的冰川变化不仅直接影响"一带一路"沿线国家赖以生存的水资源，而且与冰碛湖溃决、冰川泥石流等地质灾害息息相关。因此，开展青藏高原冰川变化、机制和影响研究，不仅关系到水资源的安全开发与分配利用，而且关系到区域生态环境屏障保护工程的制定与科学规划。

　　青藏高原东北部的七一冰川是我国首条开展野外综合观测的冰川，所在的北大河流域是祁连山中段河西走廊乃至整个丝绸之路通道上的关键区域和支撑点，区域水资源匮乏问题严重制约着经济和环境的可持续发展，气候的持续变暖导致区域冰川消融加剧，对区域水循环影响显著，关系着河流中下游的绿洲农业发展、区域水供应以及水文生态系统的可持续性。本书基于七一冰川气象-物质平衡综合系统观测，揭示冰川物质平衡时空变化特征，阐明气候变化对物质平衡过程的影响程度和作用机理。通过发展冰川分布式能量-物质平衡模型，系统阐释冰川物质平衡的变化规律、影响因素和未来趋势，估算过去、现在和未来的冰量变化。

　　经过 10 余年在冰川区野外监测和数值模拟领域的坚持和努力，研究团队积累了一系列研究成果，通过总结，将本书命名为《祁连山典型流域冰川变化及其气候水文效应》。本书的出版得到了众多专家学者的帮助。首先感谢中国科学院青藏高原研究所姚檀栋院士在研究领域多年的指导与帮助，同时感谢西北大学王宁练研究员，中国科学院西北生态环境资源研究院蒲健辰研究员，中国科学院青藏高原研究所邬光剑研究员、杨威研究员、赵华标研究员、李生海副研究员，以及兰州大学朱美林教授在本书编写过程中提供的有力帮助，还要感谢研究团队中王金凤老师及李亚文、王建文、王星宇等研究生的协助与支持。本书出版经费主要由科技部国家专项（2019QZKK0201）、国家自然科学基金（42401042、41801034）、山西省基础研究计划（202203021211258、202103021223248）、山西省哲学社会科学规划课题（2022YJ039、2023YJ045）、山西省科技战略专项（202304031401073）、山西省高等学校教学改革创新项目（J20220457、J2021284）、山西省高等学校哲学社会科学研究项目（2021W038）资助。书中难免存在不足和不妥之处，恳请读者和各领域专家批评指正。

王　盛

2024 年 1 月 8 日于太原

目 录

第 1 章 绪 论

1.1 研究背景与意义

山地冰川是世界的水塔（Viviroli et al.，2007），是全球水循环不可分割的一部分，影响各种空间尺度上的水量平衡。在全球范围内，虽然山地冰川面积仅约占地球表面冰川覆盖总面积的 3%（Meier，1984；Arendt et al.，2002），但是小冰川和冰帽（除南极和格陵兰冰盖以外）在年代际时间尺度上评估和预测海平面变化发挥着重要作用（Oerlemans et al.，1992）。政府间气候变化专门委员会第五次报告（IPCC AR5）指出，1880—2012 年全球平均地表气温升高了 0.85（0.65～1.06）℃。其中 1951—2012 年，全球平均地表气温的升温速率 [0.12（0.08～0.14）℃/（10 a）] 几乎是 1880 年以来的 2 倍，而且这种增暖的趋势未来仍将继续。1901—2010 年间，由于海水受热膨胀，冰雪融水和陆地储水进入海洋，全球海平面上升了 0.19（0.17～0.21）m，上升速率为 1.7（1.5～1.9）mm/a。海平面上升近期不断加速，1993—2010 年间全球海平面平均上升速率达到了 3.2（2.8～3.6）mm/a（秦大河 等，2014）。在气候持续变暖的背景下，全球范围内的山地冰川普遍呈退缩状态，据观测，退缩速度在逐渐增加，主要区域包括喜马拉雅山脉、青藏高原及相邻地区、阿尔卑斯山脉和美国南部与北部（Kaser，1999；Arendt et al.，2002；Paul et al.，2004；Meier et al.，2007；Yao et al.，2012；Bolch et al.，2012）。已有的研究表明，山地冰川消融产生的冰川融水在不同时期对海平面上升的贡献率为 20%～60%（Meier，1984；Kaser et al.，2006；Meier et al.，2007；Gardner et al.，2013）。与南极冰盖和格陵兰冰盖相比，小冰川和冰帽对气候变化的响应时间更短，若未来气候持续变暖，小冰川和冰帽对未来海平面变化的贡献可能更大（Oerlemans et al.，1992）。

山地冰川是季节性河流的重要补给来源。在温暖和干旱时期，冰川作为固态水库补充河流径流（Jansson et al.，2003）。气候变暖必然对区域水循环产生重要影响，尤其是以冰雪融水为主要补给的流域。青藏高原是全球气候变化的敏感区域，是气候变化研究的热点地区之一。在气候变暖的背景下，除西昆仑地区外，青藏高原的冰川普遍退缩（Yao et al.，2004；Yao et al.，2007），物质亏损严重（Yao et al.，2012；Che et al.，2017），零平衡线（ELA）高度普遍上升（王宁练 等，2010；董志文 等，2013；段克勤 等，2007）。青藏高原作为亚洲多条大江大河的发源地，冰川融水是河流径流的重要组成部分。短期内冰川退缩将使河流水量增加，加大以冰川融水补给为主的河流的不稳定性；而随着冰川的持续退缩，冰川融水将锐减，以冰川融水补给为主的中小支流将面临逐渐干涸的威胁（姚檀栋 等，2010）。持续的冰川变化，尤其是冰川的未来变化对于河流中下游的绿洲农业发展、区域水供应、水文生态系统的可持续性和水力发电具有重要的意义(例如,Kaser et al.,2010;Huss,2011;Immerzeel et al.,2010;Wang et al.,2022a;Wang et al.,2023a)。

1.2 国内外研究进展

1.2.1 基于实地测量的物质平衡研究

最传统的冰川物质平衡实地观测方法是所谓的"冰川学方法"(Paterson,1994;Østrem et al.,1991;施雅风 等,2000;Kaser et al.,2002;Cogley et al.,2010;Zemp et al.,2013),该方法通常是按一定的海拔梯度在冰川表面均匀设置固定标志测杆,定期观测冰川表面相对于测杆顶端的位置来计算消融量;同时在积累区定点定时开挖雪坑或钻孔取样,测量雪层密度,分析雪-粒雪层位特征,以计算雪层积累量。整条冰川的表面物质平衡则是利用冰川表面点测量的外推进行估算。而更大尺度(流域、区域或全球)的冰川物质平衡估算也都是依赖于单条冰川的物质平衡测量进行某种形式的外推。其他的冰川物质平衡实地观测技术主要是基于大地测量学,例如地面调查、雷达测厚及重复地面立体摄影测量等。与传统的"冰川学方法"相比,大地测量学方法在估算单条冰川的物质平衡时更为准确,但由于调查的时间间隔通常为数年或数十年,其时间覆盖度很差。

最早的物质平衡实地观测是1874—1908年间在瑞士阿尔卑斯山的Rhône冰川进行的间断性观测(Mercanton,1916)。冰川年物质平衡的测量始于1914年,最早是利用两根测杆在瑞士的Claridenfirn冰川展开(Müller-Lemans et al.,1994)。而瑞典的Storglaciären冰川的连续观测时间序列最长,整条冰川的物质平衡观测始于1945年(Zemp et al.,2010)。自1967年起,国际水文科学协会(IAHS)、联合国环境规划署(UNEP)及联合国教育、科学及文化组织(UNESCO)在瑞士苏黎世联合设置了世界冰川监测服务处(WGMS),系统收集全球冰川物质平衡及冰川波动的监测数据,每5年出版一期冰川波动资料汇编(《Fluctuations of Glaciers》)。从1991年起又增加了每2年一期的冰川物质平衡通报(《Glacier Mass Balance Bulletin》)。在过去的几十年间,世界范围内的冰川大多处于物质亏损状态。1992—2011年,格陵兰冰盖及南极冰盖东部、西部和南极半岛地区的冰储量损失分别是(-142 ± 49) Gt/a、(-14 ± 43) Gt/a、(-65 ± 26) Gt/a 和 (-20 ± 14) Gt/a,极地冰盖对海平面上升的贡献为(0.59 ± 0.20) mm/a(Shepherd et al.,2012)。在1993年和1999年,NASA利用机载激光测高法对格陵兰冰盖进行了重复观测,发现格陵兰冰盖的物质亏损主要发生在边缘地区(Krabill et al.,1999,2000)。同样采用机载激光测高法,Arendt 等(2002)定量估算了阿拉斯加地区67条冰川的20世纪50—90年代的物质亏损,发现冰川的平均厚度变化速度为-0.52 m/a,外推到整个阿拉斯加,冰川总体积变化为(-52 ± 15) km³/a。1960—2000年近北极的山地冰川整体上物质亏损呈加速趋势$(-7.3$ km³/a),其中美国北部和俄罗斯的冰储量亏损速率分别为-10.0 km³/a 和 -1.8 km³/a,只有欧洲的斯堪的那维亚和冰岛呈现增长状态,其增长率为$+5.0$ km³/a(Hinzman et al.,2005)。基于地面三维激光扫描测量方法,Pepin 等(2014)发现非洲的乞力马扎罗山的冰川表面在2004—2006年和2006—2008年的减薄速率分别为0.65 m/a 和 0.25 m/a。基于近30年来15条冰川的物质平衡观测资料,Yao 等(2012)发现青藏高原不同区域的冰川状态存在显著差异,冰川退缩最大区域是除喀喇昆仑之外的喜马拉雅山地区,冰川退缩的幅度从喜马拉雅山地区到高原内部普遍减小,并在东帕米尔地区达到最小,甚至出现了正平衡。

山地冰川区地处偏远,环境恶劣,持续观测难以广泛开展,从而造成了冰川物质平衡数据严重缺乏且数据覆盖度差(Cogley et al.,2010)。根据世界冰川监测服务处(WGMS)的记录,全球范围内仅拥有大约 260 条冰川的物质平衡数据,而这一数量还不足世界冰川库存总量(>130000 条冰川)的 0.2%,其中连续观测超过 40 年的冰川仅有 37 条(WGMS,2012),而超过 20 年的大约有 70 条(Dyurgerov,2010)。在国内,只有乌鲁木齐河源 1 号冰川的持续观测时间超过了 40 年,该冰川自 20 世纪 80 年代以来持续退缩,物质亏损严重,而伴随着全球变暖这种亏损趋势呈现加剧状态(张金华,1981;张金华 等,1984;焦克勤 等,2000,2004)。此外,定点监测冰川的选择往往更倾向于容易到达且冰川规模较小的冰川,而并未进行区域代表性的评价,因此在外推到更大的尺度进行冰川物质平衡估算时就可能会放大这种不确定性(Arendt et al.,2002)。

1.2.2 基于遥感的冰川动态监测

20 世纪 60 年代以来,借助遥感手段研究冰川的性质和特征、监测冰川的动态变化成为冰川学研究发展的重要趋势(Dwyer,2014;Braun et al.,2001;Casassa et al.,2002;Paul,2002;Kääb,2002)。早期的冰川调查使用的数据多为航空影像照片,航空影片空间分辨率较高,但时间分辨率很低,并且容易受天气状况和区域地形的影响。我国第一次冰川编目主要就是采用航空影像数据历时 20 年才得以完成。随着卫星遥感技术的发展,不同波谱范围、分辨率和覆盖范围的卫星及传感器日益增多,大大提高了冰川的遥感监测能力,同时为冰川研究提供了多种数据源。自 1972 年 7 月美国发射的第一颗地球资源卫星起,到现在 Landsat 系列卫星共成功发射了 6 颗,目前只有 1984 年发射的 Landsat5 和 1999 年发射的 Landsat7 仍在运行,陆地资源卫星数据(包括 MSS、TM 及 ETM+)成为冰川研究的主要资料源之一(Bindschadler,2001)。除了 Landsat 卫星影像之外,还有 ASTER、SPOT、ALOS 等卫星也备受学者们的青睐,同时雷达数据也被广泛地应用于冰川研究中。总体来说,这一阶段的冰川变化监测主要集中在冰川长度和面积的变化上,而对冰川体积和冰储量的变化研究还较少。1999 年,美国国家航空及太空总署发射的 Terra 卫星搭载了先进星载热发射和反辐射计传感器(ASTER),ASTER 数据具有高空间、高波谱和高辐射分辨率的特性,具有在单条轨道上获取近红外立体影像数据的能力,可提取高精度的数字高程模型(DEM)。通过两张不同时相的 ASTER 影像,提取出不同时相的冰川高度,即可得到冰川厚度变化信息,或者也可以依据一张 ASTER 影像和精度可靠的地形图数据,得到不同时间段的冰川厚度变化(Kieffer et al.,2000)。2000 年 2 月,由美国国家航空航天局(NASA)和美国国家影像制图局(NIMA)联合发射的"奋进"号航天飞机测量得到 SRTM 数据。DEM 的空间分辨率可以达到 30 m,并覆盖了全球陆地表面的 80% 以上。这一时期借助遥感方法进行冰川动态研究逐渐完成了从二维(长度和面积)向三维(体积和冰储量)的过渡。

在重力测量与气候实验卫星(GRACE)于 2002 年 3 月发射之后,重力测量已经成为一种估算冰川质量变化的流行工具。GRACE 是通过一对轨道卫星来测量地球重力场的变化,地球上不同区域的质量变化是由不断变化的双卫星之间的距离结合精确定位测量推断而来的(Tapley et al.,2004)。GRACE 数据具备高时间分辨率,但是空间分辨率较差(约 100 km×

100 km)。由于卫星探测的是大面积区域总质量的变化,并不能解决单个组分的质量变化。因此,GRACE 数据更适用于南极冰盖和格陵兰冰盖,而且相关的冰川质量变化的评估工作已在两大冰盖广泛开展(Abdalati et al.,2004;Nuth et al.,2010;Moholdt et al.,2010;Moholdt et al.,2012;Gardner et al.,2011;Gardner et al.,2013;Bolch et al.,2013)。但是,由于 GRACE 数据的空间分辨率较差,这些可用的遥感数据集在应用到规模较小的山地冰川时会存在很多不确定性甚至出现错误。例如 Jacob 等(2012)首次基于 GRACE 数据对格陵兰岛和南极洲以外的冰川区的物质平衡进行了估算,在青藏高原和祁连山区物质平衡的估算结果为大约+7 Gt/a,这与实测数据的普遍负平衡截然相反。

NASA 于 2003 年 1 月发射了首颗载有激光雷达传感器的专门用于测量极地冰量的卫星-冰、云和陆地高程卫星(ICESat)。ICESat 利用其星载地学激光测高系统(GLAS)通过每 172 m 抽取直径为 65 m 的光斑,周期为每年 91 d 的精确重复轨道,每次测量在坡度平缓表面精度达到 0.14 m,同时在平坦冰面上的精度达到 0.02 m(Zwally et al.,2002;Kwok et al.,2006)。ICESat 在两极和格陵兰地区展现了卓越的观测能力,通过监测冰盖高程变化,ICESat 能够在空间上精确测量冰盖的扩张和收缩,同时评估冰盖物质平衡和对海平面上升的贡献。相关的数据应用于斯瓦尔巴特群岛(Nuth et al.,2010;Moholdt et al.,2010)、俄罗斯北极部分(Moholdt et al.,2012)、格陵兰外围冰川(Bolch et al.,2013;Gardner et al.,2013)和南极大陆周围岛屿上的冰川(Gardner et al.,2013)研究中。然而在山地冰川的研究中,由于重复轨道无法做到绝对精确,同时光斑的数量又远远少于两极地区,因此在应用中受到了极大的限制。Gardner 等(2013)在中亚地区的部分山地冰川中进行过尝试,但仍需要进一步的发展和深入研究来解决上述难点。

1.2.3 基于模型的冰川变化及其对河流径流影响研究

在气候变暖的背景下,近期的冰川储量亏损和融水径流增加都与消融加剧直接相关,与积累过程相比,冰川的消融过程受到更为广泛的关注,目前常用的冰川物质平衡和融水径流模型也多是基于消融过程的作用机制而建立。冰川消融模型主要分为两类:一类是基于气温与冰雪消融之间的线性关系建立的气温指数模型或度日模型;另一类是详细描述冰川表面物理过程的能量平衡模型。本节内容主要介绍上述两种消融模型及其运用于河流径流模拟的相关研究进展。

1.2.3.1 度日因子模型

"度日"(Degree-day)这一概念是最早是由 Finsterwalderet 和 Schunk 于 1887 年在阿尔卑斯山冰川变化研究中首次引入的,随后许多研究都揭示出冰川消融与气温之间具有很高的相关性。如 Braithwaite 等(1989)在西格陵兰的冰川研究中发现,冰川年消融量和正积温的相关系数高达 0.96。气温是衡量冰雪表面能量综合状况的理想指标(Oerlemans et al.,1998a;Huybrechts et al.,1991)。在冰川上,大气长波辐射是冰川消融最重要的能量来源,它与显热通量大约占整个来源的 3/4,上述两种热通量都受到气温的强烈影响,这是冰川消融与气温具有很高相关性的主要原因;同时,作为第二能量来源的短波辐射占到 1/4 左右,而气温也会受到短波辐射的影响(Braithwaite,1995;Ohmura,2001)。降水的相态变化对冰川物质平衡影响巨大,它既可以直接影响冰川的物质积累过程,又可以通过影响冰川表面的反照率来间接影响冰川的消融状况(Vincent et al.,2004;周石硚 等,2010;Nicholson et al.,2013)。然而,在冰川区有关降水相态变化的实地观测极少,其参数化方案常常采用温度阈值法(Kang et al., 1999),即设立气温阈值来线性区分固液降水。Ding 等(2014)研究发现,在识别降水的相态变化时,湿球温度是比气温更好的指标;而且降水的相态同时受到相对湿度的影响,雨夹雪事件的发生概率会随着相对湿度的增加而增大。

度日模型成为最常见的消融模拟方法主要有四个原因:①空气温度数据的广泛可用性;②气温数据插值相对容易和气温预测的巨大可能性;③尽管结构简单但模型性能良好;④计算简单。然而,模型也存在着两个明显的缺点:①虽然在长时间尺度模拟结果较好,但随着时间分辨率的提高准确性降低;②由于地形的影响,如阴影、坡度和坡向等,空间变异性可能出现大幅变化,但空间变异性却不能像融化率一样被准确模拟,而这些影响在山区尤其重要(Hock, 2003)。针对度日模型对冰川消融模拟的时间和空间分辨率较低的问题,为提高模拟精度,模型不断发展与改进。首先是针对冰川表面的不同状况(如冰面或雪面等)使用不同的度日因子(Brubaker et al.,1996;张勇 等,2005;张勇 等,2006a)。此外,通过引入辐射因子(太阳直接辐射或总辐射)并融入辐射系数,消除冰川消融的时空差异性来提高模型的物理意义。现阶段度日模型的发展与改进已经相当成熟,完成了从线性经验公式向基于一定物理基础的分布式模型的过渡(Hock,2005)。

鉴于度日模型数据输入少且容易获取、计算简单和模拟效果理想等优点,被广泛应用于冰川物质平衡、冰川对气候作用的敏感性响应和冰川变化等研究中。Reeh(1991)利用改进的度日模型模拟了整个格陵兰冰盖的消融过程。Laumann 等(1993)基于气象站数据运用度日模型重建了 1963—1990 年挪威南部东西横断面上三条冰川的物质平衡序列,并分析了冰川对气候变化的敏感性,发现大西洋沿岸、海拔较低的海洋性冰川对气候变化的敏感性远大于远离海岸的大陆性冰川。Boggild 等(1994)运用度日模型重建了 Storstrommen 冰川 1949—1991 年的冰川物质平衡序列,但模拟时段的物质平衡没有表现出一定的趋势,这主要是由于气温和降水同步增加,降雪增加抵消了夏季气温升高引起的冰川消融量增加。Jóhannesson 等(1995)运用度日模型模拟了冰岛、挪威和格陵兰三个地区不同冰川的物质平衡状况,结果显示在气温上升 2 ℃时,海拔较高的冰川区消融增加 1 m/a,海拔较低的冰川区增加 2.5 m/a。Braithwaite 等(1999)总结了在世界各地 37 条冰川运用度日模型对冰川物质平衡的模拟状况,气温上升 1 ℃,37 条冰川的物质平衡波动范围是 0.1~1.3 m/a,靠近极地的冰川对温度的敏感性较低,而海洋性冰川和热带冰川对温度的敏感性较高。

早期的度日模型大多应用于单条冰川的短期模拟,而现阶段的发展趋势是将复杂的分布式度日模型应用于大尺度(如全球尺度)的物质平衡序列的重建或未来预测。通常的研究方案是将模型应用于一定分辨率的冰川格网上,同时使用多种全球气候模式的融合来提供模型的气候驱动,进而重建过去并预测未来的冰川变化及其对海平面升降的贡献(Gleckler et al., 2008;Pierce et al.,2009)。2006 年,Raper 等(2006)首次使用全球尺度的度日模型对冰川物质平衡进行了模拟预测,模型的驱动数据来源于 A1B 的排放场景中两个全球大气环流模型得到的气候数据,预测结果表明山地冰川和冰帽在 2001—2100 年间对海平面上升的贡献为 46 mm 和 51 mm。Radić等(2011)开发了一种全球尺度的物质平衡模型,借助 Cogley(2010) 世界冰川目录可计算每条冰川不同高度的物质平衡。该模型采用 36 条冰川的物质平衡实地观测数据校准,融合了 IPCC AR4 中 10 种全球气候模式降尺度的月温度和降水数据作为驱动,预测全球所有冰川在 2001—2100 年期间的物质损失为(112±37) mm,其中山地冰川为

(99±33) mm。在后续研究中,Radić 等(2013)使用新 Randolph 冰川目录(Arendt et al.,2012)更新了预测结果,模型融合了 14 种全球气候模式的气温和降水数据,预测在 RCP4.5 和 RCP8.5 两种排放路径下全球所有冰川的物质损失分别为(155±41) mm 和(216±44) mm。Marzeion 等(2012)应用类似的方法重建了冰川过去的物质变化并预测了未来的冰川物质平衡进程。重建结果为 1902—2009 年全世界冰川的质量损失为(114±5) mm。在不同的排放路径下,冰川在 2006—2100 年预计冰川的物质损失为(148±35) mm (RCP2.6)、(166±42) mm (RCP4.5)、(175±40) mm (RCP6.0)和(217±47) mm (RCP8.5)。Hirabayashi 等(2013)使用特定的度日模型嵌入到一个全球水文模型中,利用新的 Randolph 冰川目录(Arendt et al.,2012)进行了精炼和运行,该模型借助 10 个全球大气环流模式将冰川物质平衡对极端的气候情况(RCP8.5)的响应进行了预测,结果预计全球山地冰川和冰帽的质量损失在 2006—2099 年将达到(73±14) mm。Giesen 等 (2013)综合利用一种改进的度日模型和一个简化的表面能量平衡模型预测了世界冰川的物质变化,结果显示 2012—2099 年世界冰川的物质损失为(102±28) mm。

近年来,度日模型作为一种简单有效的冰川消融模拟方法,也运用到了我国山地冰川的研究工作当中。在天山乌鲁木齐河源 1 号冰川,刘时银等(1996)最早运用度日模型重建了 1958—1993 年冰川物质平衡序列,模拟与实测的物质平衡变化趋势基本一致。随后 Huintjes 等(2010)和 Wu 等(2011)也运用度日模型对该冰川物质平衡进行了更加深入的模拟研究。在青藏高原及其周边地区的不同冰川,如天山南坡科契卡尔巴西冰川(张勇 等,2006b ;卿文武 等,2011)、念青唐古拉山扎当冰川(吴倩如 等,2010)、祁连山七一冰川(王盛 等,2011;Wang et al.,2016)、喜马拉雅山纳木那尼冰川(Zhao et al.,2016)等,基于度日模型的模拟均得到了较为理想的结果。上述研究多采用基于统计关系的简单度日因子模型,借助有限的实测数据完成单条冰川的短期模拟,由于模型对物质平衡变化的物理机制描述不足,度日因子存在较大的时空差异性,模型参数很难迁移至其他区域。近期,Shi 等(2016)基于区域气候模式 RegCM3 的输出结果作为气候驱动,借助分布式温度指数模型预测了唐古拉山小冬克玛底冰川 1989—2050 年 RCP4.5 和 RCP8.5 情景下的物质平衡变化状况。Wang 等(2022b)借助分布式度日因子模型预测了祁连山七一冰川 2018—2100 年 RCP2.6、RCP4.5 和 RCP8.5 情景下的物质平衡变化状况。但总体来说,现阶段国内应用复杂分布式度日模型进行长时间尺度的物质平衡序列的历史重建和未来预测研究仍十分薄弱。

1.2.3.2 能量平衡模型

冰川作为气候与水文过程的产物,其形成与发展一方面记录了气候环境的波动与变化;另一方面又对气候过程具有一定的反馈作用。对后者而言,冰川的存在改变了气候系统中下垫面的热力学特征,使其下垫面与大气间的辐射和湍流交换与其他下垫面区别极大,从而形成了冰川表面独特的能量平衡过程。冰川表面能量平衡研究的目的是结合冰川与周围环境的物质与能量交换过程进而从物理机制和成因上分析冰川变化的物理规律(施雅风 等,2000)。因此,基于能量平衡的物质平衡模型通常优于度日模型。这类模型可以在单冰川尺度上对所有能量和质量通量作出解释(Hock,2005),同时在一定程度上解决了度日模型参数在时间和空间的转移问题(例如,Carenzo et al.,2009;MacDougall et al.,2011)。但此类模型的缺点同样明显:模型需要详细的气象输入数据,而这些数据需要在冰川表面获得,这通常是不可能的。因此能量平衡模型远远不及度日模型应用广泛,而且应用于大尺度冰川模拟时更是存在诸多限制。

复杂的冰川能量平衡模型已成功地应用在全球范围内的许多冰川上。Klok 等（2002）利用一个基于能量平衡的二维模型模拟了瑞士 Morteratsch-gletscher 冰川 1999 年和 2000 年的物质平衡，模拟结果分别是－0.47 m（1999 年）和 0.23 m（2000 年）。冰川对气温的响应比降水更加敏感，气温变化 1 ℃造成的物质平衡变化值为 0.67 m，而降水的响应值是 0.17 m。Reijmer 等（2008）将一个多层融雪模型嵌入分布式能量和物质平衡模型中，对瑞士 Storglaciären 冰川的内部积累量进行了模拟，融雪模型描述了温度，密度和雪冰层含水量的演化，同时也考虑了水的渗流和冰的再冻结过程。模型模拟的冰川内部积累量是＋0.25 m。Mölg 等（2009）利用一个区域气候模式（LAM）和一个过程分解的冰川表面物质平衡模型相结合的方法，在非洲东部的乞力马扎罗山定量研究了山地冰川物质变化对大尺度大气循环的响应问题。Anderson 等（2010）利用一个空间分布式能量平衡模型成功模拟了新西兰 Brewster 冰川四年物质平衡平衡，用于研究海洋性冰川对气候变化的敏感性。结果显示，冰川对温度变化的敏感性为－2.0 m/(a·℃)，而 50%的降水的变化才能补偿气温变化 1 ℃造成的冰川物质损失。

在青藏高原及其周边地区，受观测条件限制，同时具备冰川表面的气象和物质平衡定点观测冰川数量极少，能量平衡模型的应用受到极大限制。随着高原观测平台的不断扩展，促进了青藏高原典型冰川能量-物质平衡模拟研究的发展。Fujita 等（2000）利用一个考虑了融水再冻结过程的能量平衡模型模拟了小冬克玛底冰川 1992/1993 年的冰川物质平衡，结果表明有约 20%的融水再冻结，因此冷冰川的物质平衡过程不能简单地描述为冰川表面的物质或能量平衡。Yang 等（2013）基于藏东南 2005—2010 年的冰川区气候和物质平衡观测数据，构建一个冰川表面能量-物质平衡模型模拟了帕隆 94 号冰川的物质平衡过程，结果表明藏东南海洋性冰川的物质积累主要发生在北方春季，并推断这种"春季补给型"冰川主要分布在雅鲁藏布江沿岸的 V 型区域。Zhang 等（2013a）借鉴 Fujita 等（2000）的方法在扎当冰川构建了一个基于能量平衡的物质平衡模型，并进行了冰川对气候变化的敏感性研究。Mölg 等（2014）基于扎当冰川的实测物质平衡数据，利用一个能量平衡模型重建了 2001—2011 年的物质平衡序列，结合气候模式，研究发现 5—6 月的降水条件在很大程度上决定了冰川的年物质平衡，而这是由夏季的印度季风强度和中纬度环流共同决定的。Zhu 等（2017）基于 2008—2013 年的实测物质平衡数据，利用能量-物质平衡模型对比了不同环流背景下青藏高原三条典型冰川（帕隆 4 号、扎当和慕士塔格 15 号冰川）的能量-物质平衡特征，并分析了冰川对气候变化的敏感性。目前，冰川能量-物质平衡模型的应用大多集中在单点（Sun et al.，2012；Zhu et al.，2015）或冰川主流线（Yang et al.，2013），即使是应用于典型冰川的分布式模型，也主要是基于实测数据进行的短期模拟（Mölg et al.，2014；Zhu et al.，2017；Wang et al.，2023b；Wang et al.，2024）。因此，与分布式度日模型的研究现状相似，青藏高原不同区域内长时间尺度的冰川能量-物质平衡研究仍十分有限，需要进一步加强。

1.2.3.3 冰川流域水文过程模拟

高寒河流源区的径流变化研究需要考虑气候、季节性降雪、冰川物质平衡等诸多要素（Molnar et al.，2011）。具有物理意义的模型方法，是分析水文循环各要素（如土壤湿度、冰川融水等）的变化趋势和内在联系的有效手段。青藏高原山区水文过程复杂，作为冰冻圈主体的积雪、冻土和冰川都是高寒流域水文研究的重要组成要素，其水热传输贯穿于产流、入渗、蒸散和汇流过程中。降水、冰雪/冻土融水等不同径流成分的交织耦合是高寒区水文过程的核心环节,也是水循环模拟研究中的薄弱环节(Immerzeel et al.,2010;陈仁升 等,2013)。

冰川消融是寒区重要的水文过程,直接影响到水资源的时空分布特征(Jansson et al.,2003;Kaser et al.,2010)。随着气候的持续变暖,冰雪消融产生的融水对河流的补给作用逐渐增强,许多学者采用概念性模型或分布式水文模型开展径流过程的模拟和定量评估时,开始强调冰川消融和土壤冻融过程对径流模拟的重要性(Zheng et al.,2007;高红凯 等,2011;何思为 等,2015;Huang et al.,2015;Wang et al.,2017)。贾仰文等(2008)以黄河源区为研究区域,采用增量情景法,借助 WEP-L 分布式水文模型模拟年径流和月径流对气候变化的响应,尤其考虑到春季冰川融雪对径流的贡献和气温变化对冻土入渗能力的影响。高鑫等(2010)采用度日模型模拟了 1961—2006 年塔里木河流域的融水径流变化,结果表明流域年均冰川融水径流量为 1.44×10^{10} m³,冰川融水对河流径流的平均补给率为41.5%,冰川融水的补给贡献在 1990 年之后明显增大,而河流径流量的增加约 3/4 源于冰川退缩的贡献。徐冉等(2015)以雅鲁藏布江奴下水文站以上流域为研究对象,针对缺资料流域的水文计算和预测问题,采用流域水文模型 THREW,用地面气象观测、遥感植被覆盖和积雪面积等资料,基于断面水文监测数据对模型进行率定,应用 CMIP5 数据对径流演变进行预估。王宇涵等(2015)应用基流分割、逐步多元回归等方法,分析了 1960—2013 年黑河上游出山径流量的变化及其原因,重点估计了融雪、冰川融化对径流的贡献,探讨了土壤冻融过程对径流变化的可能影响。Zhang 等(2013b)全面分析了青藏高原六大河源区(黄河、长江、湄公河、萨尔温江、雅鲁藏布江和印度河)的径流特征及其与气候要素的关系,并将 VIC 陆面水文模型与冰川度日模型链接,在整个高原建立了水文模型模拟框架,量化了各源区降雨径流、融雪径流和冰川径流对高原上各河流源区总径流的贡献。在后续研究中,Su 等(2016)基于上述水文模型模拟框架,利用 CMIP5 数据对六大河源区的径流未来变化进行了预测。

目前,青藏高原大多数寒区水文过程模拟都会考虑冰雪融水对河流径流的影响和贡献。常用的处理方法是将冰川消融模型(如度日模型)作为一个模块应用到其他水文模型当中,如 HBV 模型(Bergstrom,1976)、SRM 模型(Immerzeel et al.,2010)、SHE 模型(Boggild et al.,1999)、SWAT 模型(王中根 等,2003;郝振纯 等,2013)和 VIC 模型(高红凯 等,2011;Zhang et al.,2013a;Su et al.,2016)。然而,多数研究对消融过程的模拟和冰雪融水的估算过于简单。例如,最常用的冰川度日模型,仍采用最简单的消融与正积温的线性关系进行描述,因此雪/冰度日因子的确定对模拟精度至关重要。由于冰雪度日因子具有巨大的时空差异性,从而造成流域内冰雪融水的估算存在众多不确定性。发展基于物理机制的冰川表面能量平衡模型能在一定程度上解决度日因子的时空转移问题,但冰川能量平衡模型的构建条件过于苛刻,其自身的研究基础都十分薄弱。仅从发展趋势上说,耦合冰川能量平衡模型与陆面水文模型是高寒河流源区水文模拟发展的重要方向之一。在青藏高原地区,Zhao 等(2013)尝试在 VIC 模型的框架基础上,耦合了冰川能量-物质平衡方案,并在阿克苏河上游流域的径流模拟中进行了测试。

1.2.4 北大河流域的研究现状及存在的问题

北大河流域所在的青藏高原东北部河西走廊绿洲作为丝绸之路通道上的关键区域和支撑点,对"丝绸之路经济带"的整体发展有着不可缺失的作用。然而水资源匮乏问题严重制约着该区域经济和环境的可持续发展,同时也是"一带一路"倡议中亟须解决的重大课题。随着气候的持续变暖,北大河流域的冰川持续退缩且强烈消融,物质亏损严重,冰川融水径流量普遍增加。冰川作为重要的淡水资源及河流径流组分,其未来变化对区域水循环影响显著,同时关系着当地环境和工农业的可持续发展。

在北大河流域,冰川野外观测、遥感监测和模型模拟研究都已相继开展,并取得了一定的研究成果。野外观测研究主要在七一冰川进行。早在 1958 年,我国冰川工作者就对七一冰川进行过考察,此后于 1975—1978 年和 1985—1988 年又曾对该冰川进行过大规模的考察研究,先后进行了冰川物质平衡、成冰作用、冰川运动、冰层温度、冰川变化、冰川厚度、冰川测图、冰川水文气候等多方面的观测研究(王仲祥 等,1985;刘潮海 等,1992)。刘潮海等(1992)利用酒泉气象站和 1983/1984—1987/1988 年七一冰川考察期间的数据,推算 1957—1988 年间,物质净增加 $4.879 \times 10^{6} \mathrm{m}^{3}$,冰川平均增厚 1637 mm。但总体来看,冰川的物质平衡水平仍然较低。2000 年开始恢复半定位的全面系统观测,其中 2002 年 6—9 月和 2003 年 8—9 月,中日联合考察队对七一冰川进行过较为全面的观测研究(蒲健辰 等,2005;Sakai et al.,2006)。从整个物质平衡序列来看,七一冰川的年物质平衡在 20 世纪 90 年代初之前多为正平衡,并且在此之后迅速转为负平衡(蒲健辰 等,2005;王盛 等,2011;Yao et al.,2012;王盛 等,2020)。七一冰川的最大负平衡出现在 2005/2006 年,其物质平衡值为 $-955 \mathrm{mm}$(Yao et al.,2012)。本研究涉及的 2011—2016 年七一冰川逐月的物质平衡观测即为上述研究的延续。王宁练等(2010)关于七一冰川近 50 年的零平衡线研究表明:七一冰川的平衡线高度在 1958—2008 年呈上升趋势,并在 2006 年达到最高值(海拔 5131 m),近 50 年来该冰川的平衡线高度上升了约 230 m。根据北大河流域遥感监测的结果,北大河流域的冰川自 1956 年以来不断退缩。在 1956—1990 年、1956—2003 年和 1956—2010 年间,流域冰川面积分别缩小了 14.3%(刘时银 等,2002)、15.4%~18.7%(颜东海 等,2012;陈辉 等,2013)和 29.6%(怀保娟 等,2014)。七一冰川物质平衡模型的模拟研究主要集中在夏季消融期。蒋熹等(2010)利用一个分布式能量-物质平衡模型对七一冰川 2007 年夏季观测时段的粒雪线高度变化、物质平衡演变、融水径流状况及其对气候变化的响应等过程进行了模拟研究。结果表明,冰川物质平衡高度结构主要受反照率高度结构的影响,反照率大小直接影响冰川的物质平衡水平。王盛等(2011)利用度日模型模拟了七一冰川 2010 年考察期间的物质平衡变化状况,发现物质平衡对夏季气温变化非常敏感,气温是影响冰川物质平衡的主导因素,当气温持续升高时,降水量的少量增加对物质平衡的影响将变得很小。北大河流域的冰川物质平衡及其与径流关系的研究很少,沈永平等(2001)采用统计力学和最大熵法估算北大河流域 1956—1990 年间的冰川物质平衡为 50~90 mm。Zhang 等(2012a,2012b,2012c)基于度日模型重建历史时期并预测了未来北大河流域冰川融水径流的变化状况。

根据北大河流域和青藏高原的研究现状,研究区乃至整个青藏高原冰川与河流径流变化的实测与模拟研究仍存在以下难点和不足。①实测物质平衡数据严重缺乏,数据覆盖度低。青藏高原及其周边地区仅有约 20 条冰川进行过物质平衡观测,连续观测时间达到 10 a 的冰川更是仅有 5 条左右。此外,物质平衡观测更加关注年际变化,而年内的物质平衡过程和变化特征分析非常欠缺。②缺乏基于物理机制的分布式冰川物质平衡模型的发展和应用。在青藏高原,实测数据不足在一定程度上制约了物质平衡模型的发展。在单一或几条冰川上,长时间序列的物质平衡模拟和未来预测研究十分薄弱;在流域尺度上,受验证数据不足、模型参数迁移问题等影响,冰川物质平衡变化估算存在诸多不确定性,需要进一步加强。③寒区水文过程模拟中冰雪消融模块的描述过于简单。在冰川和积雪覆盖的寒区流域,冰雪消融往往采用基于统计关系的度日因子模型,模型中只有气温或正积温一个变量,无法反映出冰川消融的时空差异性。

1.3 研究内容和目标

1.3.1 研究内容

选取青藏高原东北部河西走廊地区的一个典型流域——北大河流域作为研究区,从两个时期(历史和未来)对流域尺度的冰川与河流径流展开三个方面(变化规律、影响因素和未来预估)的研究。主要研究内容包括以下几方面。

(1)七一冰川的物质平衡及其对气候变化的响应

基于 2011—2016 年七一冰川逐月观测的测杆和雪坑数据,采用等高线法计算了冰川近 5 年逐月的纯积累量、纯消融量、物质平衡和零平衡线(ELA),分析了冰川物质平衡和 ELA 的时空变化状况,并对七一冰川的物质平衡对气候变化的敏感性响应进行探讨。

(2)基于两种分布式模型的七一冰川变化模拟研究

基于 2010—2012 年七一冰川的气象要素梯度观测资料,构建了两个(基于度日和能量平衡)高时空分辨率的分布式物质平衡模型,对冰川历史时期的物质平衡、零平衡线和融水径流进行模拟。模型参数率定采用七一冰川同步观测的月尺度物质平衡数据,并利用文献和 2011—2016 年的实测的年平衡数据进行结果验证,进而评价模型的模拟精度。此外,结合全球气候模式模拟获取的气象资料,在低(RCP2.6)、中(RCP4.5)和高(RCP8.5)三种未来气候情景下对七一冰川的未来变化(冰川末端、面积、物质平衡和 ELA 等)情况进行预测,并对冰川的年内物质平衡和能量平衡特征进行探讨。

(3)北大河流域历史时期的冰川物质平衡、零平衡线和融水径流序列的重建及其影响因素分析

鉴于七一冰川良好的区域代表性,将两种分布式冰川模型外推至北大河流域。利用研究区内及周边的国家气象站的日尺度数据作为模型驱动,重建历史时期(20 世纪 60 年代—21 世纪 10 年代)北大河流域冰川的物质平衡、零平衡线和融水径流序列,并分析其时空变化特征。从气候(气温和降水)、地形(海拔、坡度和坡向等)和冰川形态(冰川面积和长度)三个方面讨论影响冰川变化的影响因素。结合流域内水文站的径流数据,探讨历史时期冰川融水径流变化对河流径流的影响。

(4)北大河流域径流变化的水文过程模拟

针对研究区冰川广布的特殊下垫面性质,将分布式冰川模型与 SWAT 水文模型相结合进

行北大河流域径流变化的水文过程模拟。对于冰川下垫面采用分布式冰川模型计算冰川融水径流,而对于其他下垫面采用 SWAT 模型计算表面径流。模型的校准和验证采用冰沟、新地和丰乐水文站 1957—2013 年的逐月径流数据。其中,模型校准和参数敏感性评价采用 SUFI2 方法,而模型验证和适用性评价采用相对误差(Re)、相关系数(R^2)和 Nash-Suttcliffe 系数(E_{ns})三个指标。

(5)气候变化背景下北大河流域冰川和径流的情景模拟

基于全球耦合模式比较计划第五阶段(CMIP5)的 15 个全球气候模式数据,在低(RCP2.6)、中(RCP4.5)和高(RCP8.5)三种未来气候情景下,分析了气象要素(气温和降水)在季节与年际尺度的变化规律。以此数据驱动分布式冰川能量平衡模型和 SWAT 水文模型,预测未来 35 年北大河流域冰川物质平衡、零平衡线和融水径流变化,分析冰川年内物质平衡和能量平衡特征。通过估算冰川融水径流对河流径流贡献率,探讨未来不同气候情景下北大河流域冰川变化与径流变化之间的关系。

1.3.2　研究目标

(1)通过重建 20 世纪 60 年代—21 世纪 10 年代北大河流域冰川的物质平衡、零平衡线和融水径流序列,回答北大河流域冰川在过去 50 年怎么变的问题;

(2)通过从气候(气温和降水量)、地形(海拔、坡度和坡向等)和冰川形态(冰川面积和长度)三个方面讨论冰川变化的影响因素,回答北大河流域冰川在过去 50 年为什么变的问题;

(3)通过结合全球气候模式,流域尺度的分布式冰川物质平衡模型和水文模型 SWAT,回答北大河流域冰川和河流径流在未来 35 年可能怎么变以及未来冰川变化对河流径流的影响问题。

1.4　技术路线

以北大河流域为研究对象,以流域内七一冰川 2011—2016 年气象-物质平衡的实地观测为基础,运用基于度日和能量平衡的分布式模型手段,对流域冰川的物质平衡、ELA 和融水径流进行了模拟和预测,尤其对七一冰川进行了重点研究。此外,结合全球气候模式的输出结果,利用耦合了冰川能量-物质平衡方案的 SWAT 水文模型,对北大河流域的水文过程进行了模拟和预测,分析了冰川融水变化对河流径流的潜在影响。技术路线见图 1-1。

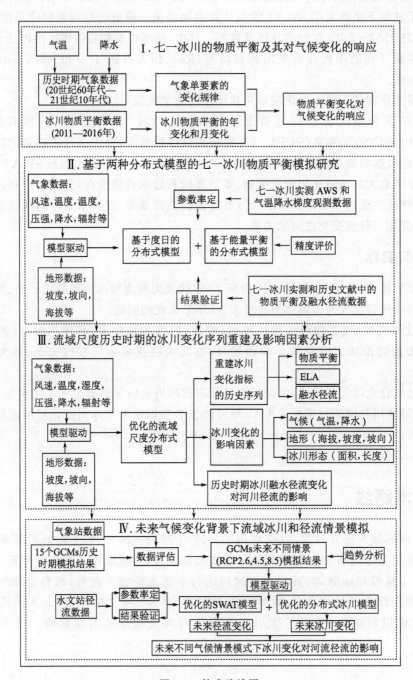

图 1-1　技术路线图

第 2 章 研究区概况

2.1 地理位置

北大河流域(图 2-1)位于祁连山中段的河西走廊中部,广义上属于我国西北地区第二大内陆河流域——黑河的中、西部水系,北大河发源于青海省海北藏族自治州的托来山和托来南山之间,出山口位于甘肃酒泉附近,最后归于金塔盆地。流域范围大致介于 97°—99°30′E 和 38°—40°N,流域总面积 8847 km²。流域内部从东到西主要包括丰乐河、洪水坝河和托来河三条支流,而三个子流域的流域面积分别是 565 km²、1578 km² 和 6706 km²。北大河上游河道两岸山高谷深,为冰川发育提供了有利的地形条件,河床陡峻,是北大河流域的主要产流区。

2.2 地质地貌

在大地构造上,北大河流域属于祁连山地槽褶皱带。祁连山是挽近地质构造的强烈隆升区,既是中下游盆地松散碎屑物质的主要来源,又是河流水系的发源地。区内的张掖和酒泉盆地地势较高,海拔高度在 1400~2200 m,盆地内大型洪积扇构成洪积扇前缘细土平原和倾斜平原,地质构造具有山间断陷盆地或山前坳陷性质,其南缘多与祁连山断层相接,该压性断裂与祁连山新生界褶皱共同构成阻水屏障,致使出山径流难以对盆地进行补给。盆地基底由新第三系或白垩系构成,基底之上的沉积物为第四系松散洪积-冲积相物质,其间储存了大量地下水。整体上北大河流域新生代以来的沉积建造和地下水储存受挽近地质构造运动控制,而中生代以来,本区进入了以差异性断块运动为特征的构造运动期。

北大河流域地形复杂,地势南高北低。根据自然地理特征,地貌类型可分为上游祁连山区、中游河西走廊平原和下游阿拉善高原。本研究关注的部分主要是上游祁连山区,该区地处青藏高原东北部,主要由走廊南山、疏勒南山和托来山等褶皱山脉构成。山体走向大致为 WNW—ESE,山脉海拔普遍在 4000 m 以上,地势高峻,最高峰海拔 5564 m,山脚谷地主要分布有梨园河谷地,海拔一般在 2000 m 左右(图 2-1)。

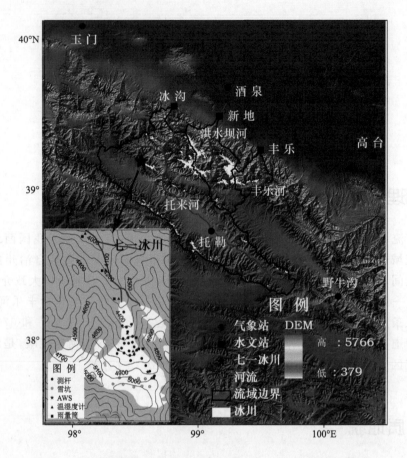

图 2-1　北大河流域的地理位置、冰川分布及七一冰川的野外观测点

2.3　气候特征

北大河流域处于我国西北荒漠区和青藏高原高寒区的过渡带,远离海洋,被西风带环流控制。受极地冷气团和大陆性荒漠气候的影响,高寒阴湿,植被较好;气温低,多年平均气温不足2 ℃;气候干燥,降水稀少而集中,年降水量约为 350 mm,具有典型的大陆性气候和高原气候的特征。

近年来,北大河流域的气候向暖湿转型,分析气象因子的变化趋势和突变状况是进行冰川和径流变化的基础。本节主要基于祁连山北大河流域内部及其周边 5 个国家气象站的1960—2015 年的气温降水数据,采用 Manner-Kendall (M-K)非参数检验法对流域内气温和降水的年际年内变化趋势和突变情况进行了分析。

2.3.1　气温

图 2-2 显示了北大河流域山区和平原区 1960—2015 年均气温的长期变化趋势及突变年份检验结果。北大河流域山区和平原区的多年平均气温分别是 −2.7 ℃ 和 7.6 ℃。自 1960

年以来,无论山区还是平原区,北大河流域增温趋势明显,山区和平原区的增温幅度分别达到了 0.33 ℃/(10 a)和 0.20℃/(10 a),山区明显高于平原区。M-K 趋势检验的结果也支持上述结论。而 M-K 突变检验的结果表明,山区和平原区的年均气温突变分别发生在 1993 年和 1996 年。在山区,突变前气温在多数年份未表现出明显的变化趋势,但在突变发生后,统计量 UF(一种用于检测时间序列数据中趋势的非参数统计量)在 1995 年超过了 0.05 的显著性水平(置信区间 $\alpha_{0.05}=\pm1.96$),在 1998 年超过了 0.01 的显著性水平(置信区间 $\alpha_{0.01}=\pm2.56$),说明 1993 年后的增温趋势非常显著。增温幅度由突变前的 0.17 ℃/(10 a)上升至突变后的 0.29 ℃/(10 a),突变前后的平均气温也由 −3.1 ℃上升至 −2.0 ℃,变幅达到 1.1 ℃。在平原区,突变前统计量 UF 在多数年份小于 0,但未通过信度检验,说明 1995 年之前平原区气温呈现不显著的下降趋势,但在突变发生后,统计量 UF 分别于 2001 年和 2004 年超过了 0.05 和 0.01 的显著性水平,说明与山区类似,1996 年之后平原区增温趋势也非常显著。增温幅度由突变前的 0.021 ℃/(10 a)上升至突变后的 0.074 ℃/(10 a),突变前后的平均气温也由 7.3 ℃上升至 8.2 ℃,变幅为 0.9 ℃。

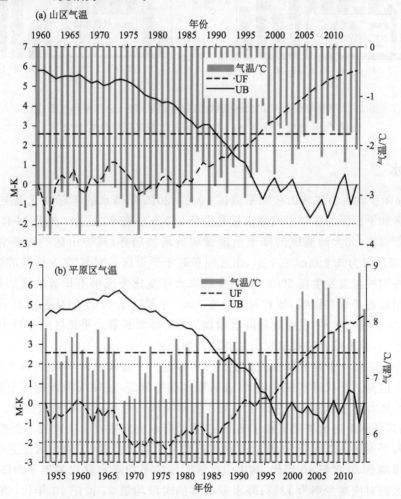

图 2-2　北大河流域山区(a)和平原区(b)1960—2015 年均气温长期变化趋势及突变
年份分析(图中短虚线表示 95％的置信水平,长虚线表示 99％的置信水平)

从北大河流域山区和平原区突变前后的月平均气温变化情况来看(图 2-3),无论山区还是平原区,突变前后各月的平均气温都呈现不同程度的升高。具体来看,山区月平均气温整体增幅较大,都超过 0.6 ℃。其中,最大增温幅度出现在 2 月,达到 1.7 ℃,而最小增温幅度出现在 10 月,也有 0.6 ℃。平原区各月平均气温增幅的差异性较大,最大和最小增温幅度均出现在冬季。其中,最大增温幅度也出现在 2 月,达到 1.6 ℃,而最小增温幅度出现在 1 月,只有 0.3 ℃。从季节变化看,山区和平原区温度变化状况几乎相反。山区春季气温增幅最大,为 1.2 ℃,夏季气温增幅最小,为 0.8 ℃;而平原区春季气温增幅最小,为 0.8 ℃;夏季气温增幅最大,为 1.3 ℃。

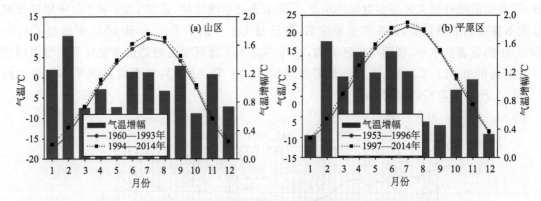

图 2-3 突变年份前后北大河流域山区(a)和平原区(b)月平均气温变化
(山区气温突变年份为 1993 年,平原区气温突变年份为 1996 年)

2.3.2 降水

图 2-4 显示了北大河流域山区和平原区 1960—2015 年降水的年际变化及突变状况。北大河流域山区和平原区的多年平均降水量分别是 360 mm 和 87 mm。根据 M-K 趋势检验分析,自 1960 年以来,北大河流域的降水呈现微弱的增加趋势,其中山区的增幅为 14.8 mm/(10 a),而平原区仅为 3.2 mm/(10 a),山区明显高于平原区。M-K 突变检验的结果表明,山区年降水量序列的突变发生在 2002 年,突变前降水年变化表现出不显著的增加趋势,突变发生后降水的增加趋势仍在继续,统计量 UF 在 2008 年超过了 0.05 的显著性水平,在 2013 年超过了 0.01 的显著性水平,说明近期降水增加的趋势非常显著。平原区的年降水量序列未出现明显的突变点,整个检验时段呈现出微弱的增加趋势。

降水变率反映了一个地区降水的稳定性和可靠性。一般来说,一个地区降水变率小,表明水资源利用价值高。相反降水变率越大,表明降水越不稳定,往往反映该地区旱涝频率越高。表 2-1 显示了北大河流域山区和平原区不同年代际降水的绝对变率和相对变率。从表 2-1 中可以看出,山区降水绝对变率明显高于平原区,这是降水的海拔效应决定的。要直接比较北大河流域山区和平原区的降水变化,相对变率更有意义。对比发现,无论山区还是平原区,降水量最少的时段均是 20 世纪 60 年代,其中山区该时段的平均降水量比多年平均降水量减少了 9%,而平原区的对应减少率为 12%;降水量最多的时段均是 21 世纪 10 年代,该时段山区的平均降水量比多年平均降水量增加了 14%,而平原区的对应增长率更是高达 18%。从整个研究时段(1960—2015 年)来看,山区和平原区的整体变化趋势基本一致,20 世纪 60 年代是最干

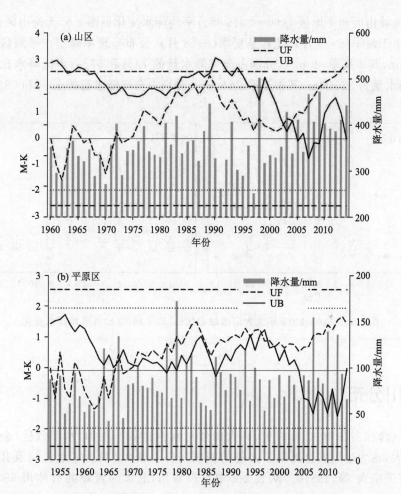

图 2-4　1960—2015 年北大河流域山区(a)和平原区(b)降水的年际变化趋势及突变年份分析

旱的时期,而进入 21 世纪后达到近 55 年来的最湿润时期。这种气候由干旱向湿润的转化趋势与我国西北的整体趋势一致(施雅风 等,2002;施雅风 等,2003)。

表 2-1　北大河流域山区和平原区不同年代际降水的绝对变率和相对变率

	降水绝对变率/mm		降水相对变率/%	
	山区	平原区	山区	平原区
20 世纪 60 年代	−32.2	−10.4	−9.0	−12.0
20 世纪 70 年代	−13.3	8.6	−3.7	10.0
20 世纪 80 年代	15.2	−2.2	4.2	−2.6
20 世纪 90 年代	−24.5	−2.0	−6.8	−2.3
21 世纪初	30.2	4.5	8.4	5.2
21 世纪 10 年代	49.3	15.7	13.7	18.1

北大河流域山区和平原区1960—2015年月平均降水变化见图2-5，无论山区还是平原区，月降水都集中于暖季(5—9月)，尤其是夏季(6—8月)，分布呈现单峰型。平原区暖季平均降水量为67 mm，其中夏季49 mm，分别占全年降水量的78％和57％；山区降水比平原区更为集中，暖季降水量为325 mm，其中夏季244 mm，分别占全年降水量的90％和68％。

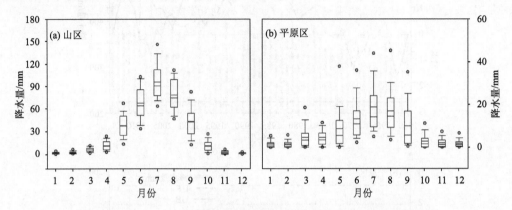

图2-5　1960—2015年北大河流域山区(a)和平原区(b)月平均降水变化

2.4　冰川分布

祁连山区海拔多在4000 m以上，高大山体对水汽拦截作用和"水库效应"会使冰川区降水量明显增大，这为冰川发育提供了必备的积累条件。表2-2统计了北大河及其三个子流域的冰川状况(王宗太 等，1981)。从表2-2中可以看出，北大河流域共有冰川650条，总面积290.76 km²，平均面积0.45 km²，冰储量10.37 km³。从不同的子流域来看，托来河流域拥有的冰川条数最多，占冰川总数量的58.5％，同时该流域冰川面积也最大，占冰川总面积的47.0％；而洪水坝河流域拥有最大的冰储量，占总冰储量的51.3％。北大河流域的冰川均属于大陆型，末端平均海拔4430 m，粒雪线高度介于海拔4500～4850 m。按不同的冰川形态区分，流域内悬冰川数量占绝对优势，共有370条，占总计的56.9％，然而，由于悬冰川的规模较小(平均面积仅为0.14 km²，最大面积仅为0.41 km²)，其冰川总面积和冰储量都不大；山谷冰川虽然仅有49条，但其冰川面积却占总面积的32.1％，冰储量更是占到了46.8％，冰川规模较大。整体上流域内冰川规模普遍较小，约有87.6％的冰川小于1 km²，而面积超过5 km²的冰川仅有2条，平均冰川面积最大的洪水坝河流域的冰川平均面积也只有0.61 km²。

祁连山区的降水是北大河流域水资源的主要补给来源，而冰川融水也是河流径流的重要组成部分。表2-3列举了北大河及其子流域冰川融水径流量及其水文特征(杨针娘，1991)。从表2-3中可以看出，北大河流域的年均融水径流量为1.8×10⁸ m³，对河流径流的补给比重为17.6％。从不同的子流域看，托来河流域冰川融水径流对河流径流的补给比重最小，约为12.7％；而补给比重最大的是洪水坝河流域，约贡献了30％。随着全球变暖的影响，尤其1986/1987年西北地区气候发生转型(施雅风 等，2002；施雅风 等，2003)以来，北大河流域的冰川普遍退缩且强烈消融，物质亏损严重，冰川融水径流量普遍增加。在短时期内，冰川融水径流的增加会增加河流径流,其补给比重也会显著增加;但从长远来看,冰川融水径流的增加减少了冰储量,若气候持续变暖,最终会导致河流径流的减少。

表 2-2 北大河及其子流域的冰川统计表(王宗太 等,1981)

流域	冰川条数		冰川面积		冰储量		平均面积/ km²
	条数	百分比/%	面积/km²	百分比/%	体积/km³	百分比/%	
丰乐河	54	8.3	23.25	8.0	0.74	7.1	0.43
洪水坝河	216	33.2	130.84	45.0	5.33	51.3	0.61
托来河	380	58.5	136.67	47.0	4.32	41.6	0.36
北大河	650	100	290.76	100	10.39	100	0.45

表 2-3 北大河及其子流域冰川融水径流量及其水文特征(杨针娘,1991)

流域	水文站	冰川融水径流量/(10⁸m³)	河川径流量/(10⁸m³)	冰川融水补给比重/%
丰乐河	丰乐	0.16	1.03	15.5
洪水坝河	新地	0.83	2.79	29.8
托来河	冰沟	0.81	6.40	12.7
北大河		1.80	10.22	17.6

七一冰川是北大河流域内唯一一条具有较长物质平衡观测序列的冰川,其观测时间总和超过 20 a,而系统连续观测也超过 15 a。七一冰川(39.5°N,97.5°E)位于祁连山中段托赖山北坡,冰川融水流入北大河支流柳沟泉河。七一冰川规模较小,根据 1975 年地形图测算(蒲健辰等,2005),该冰川面积为 2.87 km²,而末端海拔 4304 m,冰川最高峰海拔 5159 m。依据 2010年夏季野外考察实测冰川边界的 GPS 数据测算,冰川面积缩小至为 2.76 km²,比 1975 年减小 3.8%。

七一冰川具有极好的区域代表性:①与北大河流域大多数冰川一致,七一冰川规模很小,面积只有 2.76 km²;②七一冰川的末端海拔,平均海拔和最高海拔分别是 4304 m、4807 m 和5159 m,与之对应的北大河流域的冰川的末端海拔,平均海拔和最高海拔分别是 4003 m、4759 m 和 5531 m,两者非常接近;③北大河流域冰川平均坡度 25.7°,而七一冰川为 20°;④七一冰川的朝向为西北方向,而北大河流域这一朝向的冰川数量最多,占总数的 32.3%;⑤ 根据冰川的物理性质分类,七一冰川属于大陆型冰川,这与北大河流域的所有冰川一致。

第 3 章 基础数据和研究方法

3.1 基础数据来源

本研究应用的基础数据集主要包括：气象数据、水文数据、遥感数据、七一冰川的野外实测数据、土地利用数据和土壤数据。

（1）气象数据

选取北大河流域内部及其周边 5 个中国国家气象台站的日尺度观测数据（表 3-1，图 2-1），观测内容包括最高、最低和平均气温，降水量、平均风速、相对湿度、大气压强和日照时数等。气象数据一方面用于分析冰川和河流径流对气候变化的响应；另一方面作为模型输入，用于驱动两种分布式冰川物质平衡模型和 SWAT 水文模型。气象站观测数据均通过中国气象科学数据共享服务网下载获得（http://cdc.cma.gov.cn/home.do）。

表 3-1 北大河流域内部及周边气象站和水文站的基本信息

	站点	海拔/m
气象站	托勒	3367
	野牛沟	3320
	玉门	1526
	酒泉	1477
	高台	1332
水文站	冰沟	2015
	新地	2100
	丰乐河	2000

未来预测的气象资料选取 CMIP5（the fifth phase of the Coupled Model Intercomparison Project）中 15 个全球气候模式的模拟结果，其基本信息详见表 3-2。利用气象站历史时期（1950—2005 年）的月尺度气温和降水数据，首先对 15 个全球气候模式在北大河流域气候变化的模拟能力进行评价。选取评价结果最优的单一模式或各模式集合平均的日尺度气温和降水数据，该模拟数据在未来（2016—2050 年）RCP2.6、RCP4.5 和 RCP8.5 三种典型浓度排放路径下获得，分别对应低、中和高三种排放情境。未来预测的气象资料，一方面用于分析研究区气候的未来变化趋势；另一方面用于驱动物质平衡模型和 SWAT 模型，从而对未来冰川和

径流变化作出预测。涉及的 CMIP5 全球气候模式气候变化模拟试验与预估数据从网站（http://pcmdi9. llnl. gov/esgf-web-fe/）下载获得。

表 3-2　选取的 CMIP5 中 15 个全球气候模式基本信息

模式名称	单位名称及所属国家	分辨率（格点数）
BCC-CSM1.1	BCC,中国	128×64
BNU-ESM	GCESS,中国	128×64
CanESM2	CCCMA,加拿大	128×64
CCSM4	NCAR,美国	288×192
CSIRO-Mk3-6-0	CSIRO-QCCCE,澳大利亚	192×96
FGOALS-g2	LASG-CESS,中国	128×60
GFDL-CM3	NOAA GFDL,美国	144×90
GISS-E2-H	NASA GISS,美国	144×90
GISS-E2-R	NASA GISS,美国	144×90
HadGEM2-ES	MOHC,英国	192×145
IPSL-CM5A-LR	IPSL,法国	96×96
MIROC-ESM-CHEM	MIROC,日本	128×64
MPI-ESM-LR	MPI-M,德国	192×96
MRI-CGCM3	MRI,日本	320×160
NorESM1-M	NCC,挪威	144×96

（2）水文数据

本研究使用的水文数据为流域内冰沟、新地和丰乐三个水文站 1957—2013 年月尺度的径流资料（表 3-1,图 2-1）,三个水文站的控制流域分别是托来河、洪水坝河和丰乐河。数据来源于中华人民共和国水文年鉴-内陆河流域水文资料和中国西部环境与生态科学数据中心（http://westdc. westgis. ac. cn/）。

（3）遥感数据

考虑到 1957—2013 年北大河流域冰川面积的变化情况,用于模型的冰川边界数据区分为两个时期:1957—1985 年的冰川边界通过地形图提取,而 1986—2013 年的冰川边界通过卫星遥感图像提取。第一个时期选取的覆盖流域地形图共有 15 幅,比例尺为 1:100000,成图时间 20 世纪 70 年代。第二个时期选取的遥感影像是一景晴朗无云天气条件下的 Landsat TM 图像（P135 r33,2000 年 5 月 20 日）,空间分辨率为 30 m,遥感图像的下载地址是美国地质勘探局网站（http://www. usgs. gov/）。除了上述用于提取 1986—2013 年北大河流域冰川边界信息的一景 TM 影像外,还选取了 9 景 1975—2015 年的遥感影像（表 3-3）用于提取七一冰川在不同时期的边界信息,10 景遥感影像用于进行七一冰川历史时期的冰川末端和面积变化研究。流域的数字高程模型(DEM)来源于 SRTM(Shuttle Radar Topography Mission)和 AS-TER GDEM(Advanced Spaceborne Thermal Emission and Reflection Radiometer Global Digital Elevation Model)。其中,SRTM 数据由美国国家航空航天局(NASA)和美国国家影像制图局(NIMA)联合测量,空间分辨率 90 m。在冰川物质平衡模型中,SRTM 数据用于计算北大河流域内每条冰川的形态-地形变量:平均海拔、坡度、坡向和冰川几何中心的经纬度等。在分布式 SWAT 水文模型中,SRTM 数据用于确定流域边界、提取流域地形信息、划分子流域和生成数字河网等。ASTER GDEM 数据(先进星载热发射和反射辐射仪全球数字高程模型)由美国国家航空航天局(NASA)与日本经济产业省(METI)于 2009 年共同推出,空间分辨率 30 m。该数据用于提取七一冰川模拟预测时的高程和地形。地形图的预处理包括扫描、配准和拼接等,遥感影像的预处理包括影像几何精纠正与增强处理。同时对地形图、遥感影像、SRTM、ASTER GDEM 数据进行坐标归一化处理,所有地图和图像统一采用 UTM 投影和 WGS84 椭球体建立坐标系统。

表 3-3　选取的遥感影像信息

遥感影像	接收日期(年/月/日)	传感器	分辨率/m	轨道号	云量/%
LM11450331973301AAA05	1973/10/28	MSS	78	145/33	8
LM21450331975282XXX01	1975/10/9	MSS	78	145/33	23
LM21450331977127AAA03	1977/5/7	MSS	78	145/33	7
LT51350331986206BJC00	1986/7/25	TM	30	135/33	0
LT51350331990233BJC00	1990/8/21	TM	30	135/33	0
LT51350331995231BJC00	1995/8/19	TM	30	135/33	1
LE71350332000141SGS00	2000/5/20	ETM+	30/15	135/33	0
LE71350332005282PFS00	2005/10/9	ETM+	30/15	135/33	0
LE71350332010280SGS00	2010/10/7	ETM+	30/15	135/33	2
LE71350332015102EDC00	2015/4/12	ETM+	30/15	135/33	3

(4)七一冰川的野外实测资料

七一冰川的野外实测数据集包括物质平衡、梯度观测的气温和降水以及自动气象站(AWS)数据。物质平衡由传统的冰川学方法测量:在七一冰川表面按照海拔 50 m 的间隔,消融区均匀布设了 26 根测杆,积累区均匀布设了 9 个雪坑(图 2-1)。从 2011 年 7 月开始,对七一冰川进行逐月物质平衡观测,观测时间为每月月初(一般为每月 1 日),现已积累 5 a(2011 年 7 月—2016 年 9 月)的物质平衡逐月数据。在 2011 年 7 月—2013 年 8 月期间,按照海拔高差 200 m 梯度布设了 7 组温湿度计和雨量筒,同步观测不同海拔高度带的气温和降水量。AWS 位于冰川表面海拔 4763 m。AWS 的观测项目(表 3-4)包括风速、风向、空气温度、相对湿度、大气压强、降水量、积雪深度和 4 分量辐射(入射和反射短波辐射以及入射和出射长波辐射)等。梯度观测的气温降水数据,AWS 数据及 AWS 附近的单点物质平衡数据主要用于校准分布式冰川模型中的参数,而其他的物质平衡数据结合已公开发表论文中的物质平衡数据用于验证模拟结果。

表 3-4　七一冰川的观测仪器及其技术参数

传感器		参数	布设高度/m	精度	测量范围
AWS	Vaisala 41382VC	气温	2.0	±0.3 ℃	−50~50 ℃
		相对湿度	2.0	±2%	—
	Young 05103	风速	2.0	0.3 m/s	0~100 m/s
		风向	2.0	0.5°	0~360°
	CS100	大气压	0.5	±0.01 hPa	−50~50 ℃
	Kipp & Zonen CNR1	入射和反射短波辐射	1.5	0.1	−40~70 ℃
		入射和出射长波辐射	1.5	0.1	−40~70 ℃
	SR50	雪深	1.0	0.1 mm	−50~50 ℃
温湿度计	HOBO H08 PRO	气温	2.0	±0.2 ℃	−30~50 ℃
		相对湿度	2.0	±3%	−30~50 ℃
雨量筒	自制	降水量	0.5	−4 mm/a	—

（5）土地利用数据

根据土地利用分类系统中的一级分类,北大河流域土地类型包括耕地、林地、草地、水域、建设用地和未利用地六类。本研究使用的中国土地利用现状遥感监测数据共有 1990 年、1995 年、2000 年、2005 年和 2010 年五期,数据类型为栅格数据,分辨率 100 m×100 m。土地利用数据主要用于 SWAT 模型输入,该数据需要在模型中进行重新分类,并将原代码转换为模型需要的代码。数据来源于中国科学院资源环境科学数据中心(http://www.resdc.cn/)。

（6）土壤数据

土壤数据是 SWAT 模型进行流域径流模拟的必需输入数据之一,模型运行中主要使用土壤空间分布和物理属性数据。使用的土壤数据来源于中国科学院资源环境科学数据中心提供的中国 1:100 万土壤数据库,数据库根据全国土壤普查办公室 1995 年编制出版的《1:100万中华人民共和国土壤图》,由中国科学院南京土壤研究所建立完成,该数据采用"土壤发生分类"系统,基本制图单元为亚类,共分出 12 土纲,61 个土类,227 个亚类。不但包括了数字化的 1:100 万中国土壤空间分布图,还包含了土壤物理属性数据,涉及的土壤物理属性主要包括土壤质地、有机质含量、土壤层的厚度、孔隙度、容重等。

3.2　研究方法

七一冰川的物质平衡观测采用消融区布设测杆和积累区开挖雪坑的传统冰川学方法,物质平衡计算采用等高线法。此外,采用 Mann-Kendall 趋势检验和突变点检验等统计分析方法,分析历史时期气象和径流单变量的年际变化的趋势和突变性特征。借助多元线性回归分析方法,建立冰川物质平衡与气候因子(主要是气温和降水)的回归关系,利用最小二乘法确定回归系数,进而分析冰川物质平衡对气候变化的敏感性。

借助基于度日和能量平衡的两种冰川表面分布式物质平衡模型对七一冰川历史时期的冰川变化状况进行重建。其中冰川积累的估算采用温度阈值法,冰川消融量的估算分别采用基于度日和能量平衡的分布式消融模型。两种模型的时间分辨率均为 1 d,空间分辨率均为 30 m。为提高模拟精度,基于梯度观测的气象资料,在不同的海拔梯度和不同月份采用不同的气温直减率和降水梯度,同时考虑了冰川"温跃值"和地形遮蔽的影响。在度日模型中,对于不同的下垫面(雪面和冰面)采用了不同的度日因子,模型参数除利用实测数据计算获得之外,其他参数采用最小二乘法率定。在能量平衡模型中嵌入一个多层融雪模型,融雪模型描述了温度、密度和雪冰层含水量的演化,同时也考虑了水的渗流和冰的再冻结过程。模型参数除利用实测数据计算获得之外,其他参数采用蒙特卡洛方法率定。将两种分布式模型外推至北大河流域时,整个模型结构未进行调整和简化。只将模型的空间分辨率调整至 90 m,而时间分辨率未进行调整。

北大河流域的径流模拟采用 SWAT 水文模型。模型基于水量平衡原理构建,用于模拟土地利用/覆被变化对水文过程的影响时,能够考虑降水、蒸发、植被覆盖等因素的空间分布对流域产汇流的影响。由于流域下垫面和气候因素具有时空变异性,SWAT 模型将流域划分成若干个自然子流域,再将每个子流域划分为若干个水文响应单元(HRU),先单独研究每个水文响应单元的内部循环,再通过子流域和河网将各个响应单元进行有机连接。在本研究区,能否准确模拟冰川融水径流是河流径流模拟准确性的关键。对于冰川融水径流的模拟,SWAT 模型通常采用简单的度日模型作为融雪/冰模块,但其表现一般。为提高模拟精度,本研究采用基于能量平衡的分布式冰川消融模型代替度日模型,同时结合 SWAT 模型进行北大河流域水文过程的模拟。

在未来气候、冰川和径流变化预估研究中,鉴于全球气候模式的空间分辨率较差,首先采用双线性插值方法对模式输出数据进行降尺度处理,基于历史时期的气象站月尺度数据,对各模式和模式集合平均的输出数据进行评估,评估主要借助相关系数、相对偏差、均方根误差等指标进行。选取评估结果最优的模式数据作为分布式冰川模型和 SWAT 模型的驱动。

第 4 章　七一冰川变化及其对气候变化的响应

为了深入了解七一冰川物质平衡的年际变化特征、年内物质平衡特征以及对气候变化的响应关系,基于传统冰川学方法在七一冰川进行了物质平衡的逐月观测,并对该冰川年尺度和月尺度的物质平衡进行了计算和特征分析。此外,基于七一冰川的野外观测资料,构建了两个(基于度日和能量平衡)高时空分辨率的分布式冰川物质平衡模型,重建了历史时期的物质平衡和 ELA 序列,并对模型的模拟精度进行了评价。

4.1　七一冰川物质平衡的时空变化特征

4.1.1　物质平衡的时间变化特征

4.1.1.1　年际变化

图 4-1 显示了七一冰川物质平衡的年际变化状况。早期的物质平衡观测结果表明,1974—1977 年,七一冰川的物质平衡分别为 +35 mm、+384 mm 和 +350 mm(王仲祥 等,1985)。1983—1988 年,物质平衡分别为 +226 mm、−31 mm、−165 mm、+38 mm 和 −49 mm(刘潮海 等,1992)。七一冰川的年平衡在 20 世纪 90 年代初之前多为正平衡,在此之后迅速转为负平衡,尤其是进入 21 世纪后,冰川物质强烈亏损。2001/2002 年和 2002/2003 年的物质平衡分别为 −810 mm 和 −316 mm(蒲健辰 等,2005),并且在 2005/2006 年出现了观测以来的最大负平衡 −955 mm(Yao et al.,2012)。2011—2016 年的野外观测表明,气候变暖趋势下的冰川物质亏损仍在继续,而最大负平衡的记录在 2012/2013 年被打破,达到 −1005 mm。相应地,七一冰川 ELA 的年际变化状况见图 4-2。1958—2008 年,七一冰川的 ELA 呈上升趋势,并在 2005/2006 年达到最高值(海拔 5131 m),50 年来 ELA 上升了约 230 m(王宁练 等,2010)。2011—2016 年的野外观测表明,5 年七一冰川的 ELA 分别为 4958 m、5045 m、4899 m、4745 m 和 4956 m,其中 2012/2013 年的 ELA 达到了仅次于 2005/2006 年的第二高值。

从年代际变化看,七一冰川经历了从 20 世纪 70 年代正平衡、20 世纪 80 年代零平衡到 21 世纪负平衡的转变。冰川物质平衡的年际变化整体上呈现降低趋势,平均每年减少 38 mm。在进入 21 世纪后,虽然物质平衡均为负值,但年际变化的波动性很强,具体表现为波动增加,平均变化率为 15 mm/a;而 2011—2016 年物质平衡的增加速率更是高达 62 mm/a。相应地,进入 21 世纪后 ELA 的年际变化呈下降趋势,平均每年减少 7 m,而近 5 年的下降速率达到了 30 m/a。因此,近期七一冰川的物质亏损虽然仍在继续,但亏损速率已经有所减缓。

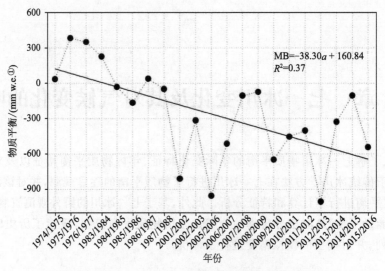

图 4-1　1974—2016 年七一冰川物质平衡的年际变化

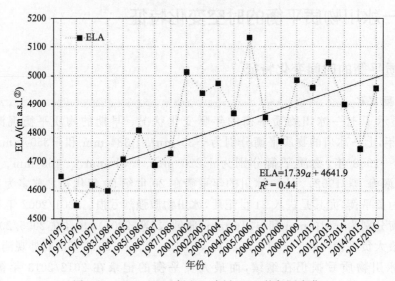

图 4-2　1973—2016 年七一冰川 ELA 的年际变化

　　表 4-1 显示了 2011—2016 年七一冰川的纯积累量、纯消融量、物质平衡以及 ELA 的年际变化状况。在最近的 5 个物质平衡年内,整个冰川平均物质平衡为－476 mm,平均 ELA 为 4941 m。除 2014/2015 年之外,消融区面积占冰川总面积的比例均超过了 80%。2011—2016 年冰川的物质损失总量为 6.43×10⁶ m³,其中消融量为 6.88×10⁶ m³,而积累量为 4.46× 10⁵ m³。最大冰川物质损失出现在 2012/2013 年(－2.73×10⁶ m³),而最小物质损失出现在 2014/2015 年(－2.81×10⁵ m³)。冰川物质损失主要受冰川消融控制,因此最大与最小冰川 消融量与物质损失最值的发生年份对应,即出现在 2012/2013 年(－2.76×10⁶ m³)和 2014/ 2015 年(－3.92×10⁵ m³)。此外,最大冰川积累出现在 2015/2016 年(2.31×10⁵ m³),而最小

---

　　① w. e. ：water equivalent,水当量。

　　② a. s. l. ：above sea level,海平面以上。

冰川积累出现在 2013/2014 年（-8×10^2 m³）。

表 4-1　2011—2016 年七一冰川纯积累量、纯消融量、物质平衡以及 ELA 的年际变化

观测年份	ELA/m	积累量			消融量			物质平衡		
		积累区面积/km²	积累量/(10⁴ m³)	积累深度/mm	消融区面积/km²	消融量/(10⁴ m³)	消融深度/mm	净平衡/(10⁴ m³)	物质平衡/mm	消融区面积比例/%
2011/2012	4958	0.48	7.44	154	2.22	−114.82	−518	−107.38	−403	82.1
2012/2013	5045	0.17	2.89	171	2.53	−275.74	−1090	−272.85	−1005	93.7
2013/2014	4899	0.40	0.08	2	2.30	−88.55	−386	−88.47	−328	85.1
2014/2015	4745	1.67	11.10	67	1.03	−39.24	−381	−28.14	−104	38.2
2015/2016	4956	0.49	23.09	467	2.21	−169.32	−768	−146.23	−542	81.7

　　在青藏高原及其周边地区，冰川的物质平衡状态存在区域差异性。其中，喜马拉雅山区（喀喇昆仑山除外）冰川萎缩最为强烈，物质亏损最为严重，而萎缩和亏损的趋势从喜马拉雅地区到大陆内部逐渐减弱（Yao et al.，2012）。为深入研究 21 世纪以来青藏高原不同区域冰川物质平衡的空间差异，自北向南选取高原中东部物质平衡观测序列较长的三条冰川与七一冰川进行对比（图 4-3，表 4-2），其中乌鲁木齐河源 1 号冰川（简称 1 号冰川，WGMS，2013；WGMS，2015）和小冬克玛底冰川（Yao et al.，2012；张健 等，2013）为大陆型，帕隆 94 号冰川（Yao et al.，2012；WGMS，2015）为海洋型。2000 年以来，四条典型冰川基本呈现负平衡。1 号冰川仅在 2008/2009 年呈正平衡，小冬克玛底和帕隆 94 号冰川在 2010/2011 年呈正平衡，而七一冰川全为负平衡。在 2005—2012 年，四条冰川中帕隆 94 号冰川呈现最大负平衡（−848 mm），1 号冰川次之（−753 mm），小冬克玛底（−452 mm）和七一冰川（−450 mm）最小且二者接近。说明青藏高原冰川的物质亏损仍在继续，而且物质亏损的强度为海洋型冰川强于大陆型。从物质平衡的年变化状况来看，21 世纪以来只有七一冰川的物质平衡呈上升趋势。由于其他三条冰川的物质平衡序列只到 2013 年，因此，近期七一冰川的物质亏损速度减慢的现象是否在青藏高原普遍发生仍需更深入的研究。

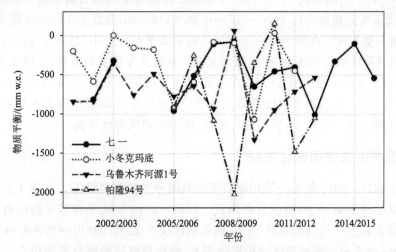

图 4-3　2002—2015 年青藏高原四条典型冰川的物质平衡序列

表 4-2 青藏高原四条典型冰川的平均物质平衡及其年际变化趋势

冰川名称	类型	$^*\overline{b_n}$/mm	年变化率/(mm/a)	研究时段
1号冰川	大陆型	-753	-4.0	2000—2013 年
七一	大陆型	-450	13.1	2001—2016 年
小冬克玛底	大陆型	-452	-13.3	2000—2012 年
帕隆 94 号	海洋型	-848	-20.2	2005—2013 年

注：$^*\overline{b_n}$ 为 2005—2012 年的平均物质平衡。

4.1.1.2 年内变化

为消除可能存在的气候异常造成物质平衡监测的不确定性，采用 2011—2016 年的月尺度物质平衡分析七一冰川年内物质平衡过程，结果如图 4-4 所示。从 2011—2016 年实测物质平衡的平均值来看，冬半年 11 月—次年 3 月为微弱负平衡，平均月平衡为 -11.5 mm，这不同于早期较小正平衡的观测结果（蒲健辰 等，2005）。观测发现造成上述变化的主要原因有两个：一方面七一冰川冬季降雪为干雪，且降雪量不足全年的 20%，在风吹雪的作用下大部分降雪从冰川区转移至非冰川区，不能形成冰川积累；另一方面降雪转移造成冰川表面由积雪覆盖变为裸冰，冰面升华从而造成少量的物质损失。在冬半年中，4 月和 10 月呈现正平衡，其中 4 月的物质平衡为全年最大，达到 +47.5 mm。七一冰川的夏平衡（5—9 月）平均值为 -490 mm，7—8 月仍是全年消融最强烈的时期，这两个月的物质平衡之和达到 -463.6 mm。在早期的物质平衡观测中（蒲健辰 等，2005），普遍认为 9 月初是消融期向积累期的转折点，而近 5 年的观测表明，受气候变暖的影响，9 月冰川消融仍普遍发生，消融期末已延后至 9 月底。此外，虽然 4—5 月通常呈现正平衡，但近期的降水量增加使得物质平衡向更大正平衡方向发展，物质平衡观测值比早期普遍增大。

从不同年份来看，物质平衡的年内变化过程基本一致。冬季（11 月—次年 3 月）积累和消融都很微弱，具体表现为微弱负平衡，而且年际变化很小。夏季 7—8 月消融强烈，物质平衡表现为极大负平衡。一般情况下，8 月的消融强度大于 7 月，仅在 2013/2014 年出现了相反的情况。年平衡主要受夏季消融控制，如 2012/2013 年 6—8 月的物质平衡分别是 -270 mm、-198 mm 和 -479 mm，造成 2012/2013 年出现了观测以来的最大负平衡。而 2014/2015 年 6—8 月的物质平衡分别是 -14 mm、-55 mm 和 -118 mm，造成 2014/2015 年出现了近 5 年观测以来的最小负平衡。在整个七一冰川的年内物质平衡过程中，4—5 月和 9—10 月的物质平衡受到气温和降水的综合影响，变化最为复杂。从近 5 年的平均值看，上述 4 个月均呈现正平衡，说明总体上冰川积累占优势。但在不同年份又出现不同特点，如 2012/2004 年、2013/2005 年和 2014/2010 年出现了持续强降雪天气，上述 3 个月均呈现较大正平衡；而在 2012/2009—2010 年和 2013/2004 年，受高温的影响，冰川呈现微弱负平衡。

4.1.2 物质平衡的空间变化特征

图 4-5 为 2011—2016 年七一冰川物质平衡空间分布的等值线图。从图 4-5 中可以看出，整体上冰川处于负平衡状态，物质亏损严重。2011—2016 年的平均零平衡线高度为 4941 m a.s.l.，消融区面积占冰川总面积的 79%，而积累区仅有 21%。冰川的冰舌部分消融强烈，平均净平衡约为 -1.5 m。而积累区的积累量不大，海拔最高处的物质平衡仍小于 0.5 m，而平均净平衡仅为 0.2 m。早在 1975—1977 年，通过对七一冰川的直接物质平衡观测，王仲祥等

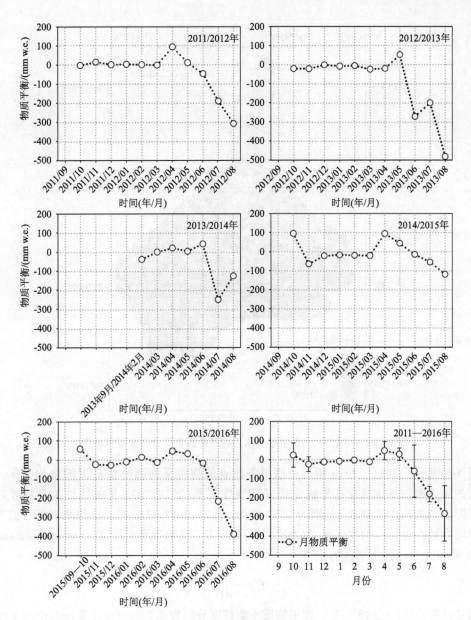

图 4-4　七一冰川实测物质平衡的月变化(2011 年 9 月—2016 年 8 月)

(1985)利用连续的测杆和雪坑资料对冰川物质平衡等值线进行了绘制。期间仅在冰舌部分发生冰川物质亏损,呈现负平衡。这一时期的平均零平衡线高度为 4585 m,冰舌以上的冰川大部分区域全为积累区,约占冰川总面积的 85%,而消融区面积仅有 15%。冰川末端的净平衡最小,约为−1.2 m,这一结果明显小于近期的−1.8 m。对于整个冰舌区,1975—1977 年的平均物质平衡为−0.5 m,而近期的冰面减薄多了近 1 m。在积累区,物质平衡的最大值超过 1 m,平均净平衡为 0.4 m,均远大于 2011—2016 年对应的物质平衡值。因此,对比 1975—1977 年和 2011—2016 年的物质平衡空间分布等值线图可以发现,近 40 年间七一冰川表面任何一点的物质平衡均发生不同程度的减小,其中冰舌区是物质平衡减小最为强烈的部分,冰面平均多减薄了约 1 m。

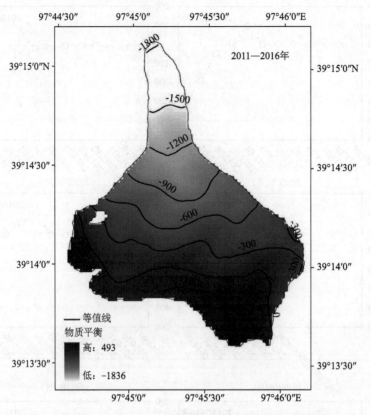

图 4-5　2011—2016 年七一冰川物质平衡空间分布的等值线图

图 4-6 展示了 2011—2016 年七一冰川各测点的物质平衡随海拔高度的变化状况。期间各测点的年平衡随海拔高度都呈现出很好的线性关系（2012/2013 年的线性关系略差），一元线性回归模型的决定系数 R^2 分别为 0.80、0.43、0.74、0.87 和 0.87。冰川表面某一点的净平衡（b_n）随海拔高度（H）的变化率，称为冰川作用能（E_g）或物质平衡梯度（mass-balance gradient，施雅风 等，2000）。其表达式为：

$$E_g = \frac{\mathrm{d}b_n}{\mathrm{d}H} \tag{4.1}$$

通过计算，2011—2016 年七一冰川物质平衡梯度分别为 3.2 mm/m、1.9 mm/m、2.4 mm/m、2.9 mm/m 和 4.1 mm/m。近 5 年的平均值为 2.9 mm/m，一元线性回归模型的决定系数 R^2 高达 0.92。1975—1977 年七一冰川的物质平衡梯度为 3.7 mm/m（王仲祥 等，1985），与近期的数据接近。冰川物质平衡梯度的大小反映了冰川在水文循环中的活跃程度，中国大陆性冰川的物质平衡梯度比较稳定，一般在 7 mm/m 以下，现阶段七一冰川的物质平衡梯度仍呈现出类似 20 世纪 70 年代的特点。

各测点月平均物质平衡随海拔高度的变化呈现出显著的季节变化特点（图 4-7）。在冷季（10 月—次年 4 月），除 4 月以外，其他月份的物质平衡都未随海拔表现出明显的梯度关系，整体呈现微弱负平衡，平均物质平衡值为 −8.5 mm。如前所述，七一冰川 4 月的物质平衡（＋47.5 mm）为全年最大。此时冰舌区物质平衡随海拔线性增加，物质平衡梯度为 0.2 mm/m（$R^2 = 0.55$）。最大物质平衡（＋111.2 mm）观测点的海拔为 4648 m，这与最大降水带观测点

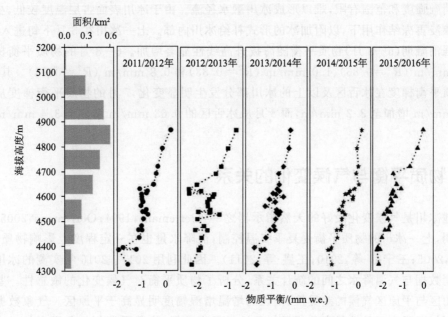

图 4-6　2011—2016 年七一冰川物质平衡随海拔高度的变化

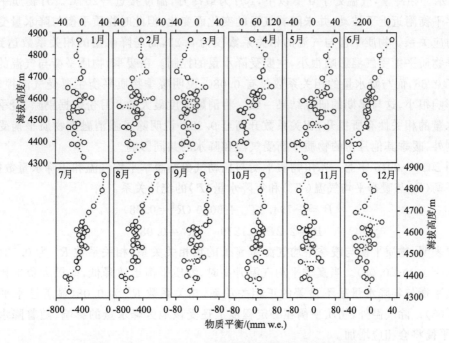

图 4-7　七一冰川月平均物质平衡随海拔高度的变化

的海拔（4670 m）一致。在最大降水带以上的冰川积累区,物质平衡随海拔线性减少,物质平衡梯度为－0.6 mm/m（$R^2=0.85$）。在暖季（5—9 月）,9 月物质平衡随海拔的变化过程与 4 月类似,最大降水带上下的物质平衡梯度分别为－0.2 mm/m（$R^2=0.67$）和 0.2 mm/m（$R^2=0.74$）。说明 4 月和 9 月的物质平衡主要受降水控制,物质平衡随海拔高度的变化表现出显著的降水效应。从 4 月底开始,七一冰川末端出现不同强度的阵性消融现象。整体上这一时期消融强度和范围有限，难以形成冰川融水径流。由于冰川表面雪层温度较低，少量的融水会在渗浸再冻结作用下，以附加冰的形式补给冰川内部。七一冰川在 5 月下旬进入消融期，在整个强消融期（6—8 月）物质平衡随海拔升高线性显著增加。6—8 月的物质平衡梯度分别为 0.6 mm/m（$R^2 = 0.86$）、1.0 mm/m（$R^2 = 0.83$）和 0.8 mm/m（$R^2 = 0.74$）。其中，7—8 月的物质平衡梯度在冰舌区及以上的冰川部分发生明显变化，7 月的物质平衡梯度从冰舌区的 0.9 mm/m 增加至 3.2 mm/m，而 8 月从冰舌区的 0.63 mm/m 增加至 3.4 mm/m。

4.2 物质平衡与气候变化的关系

山地冰川是气候变化最好的天然指示器之一（Oerlemans，1994；Oerlemans，2005）。已有研究表明，七一冰川的物质平衡受夏季气温控制，而降水量也在一定程度上影响物质平衡（蒲健辰 等，2005；王宁练 等，2010；王盛 等，2011）。因此利用 2011—2016 年实测的冰川年平衡和月平衡数据与气温降水之间的统计关系，分析了物质平衡对气候变化的敏感性。鉴于北大河流域山区与平原区气候的差异性，山区的增温增湿幅度明显高于平原区。气象数据选取与七一冰川气温降水相关性最高的托勒气象站月尺度数据，物质平衡与气象要素的对应关系如图 4-8 所示。在冷季，气温处于 0 ℃以下，1 月为最冷月，温度接近 −20 ℃。月物质平衡基本维持在零平衡附近上下波动，并未随着气温的变化而变化，但此时物质平衡与降水量变化具有很好的对应关系。物质平衡与气温的相关系数仅为 0.23，而与降水量的相关系数达到 0.54，说明冷季物质平衡受气温影响很小，主要受降水量的控制。在暖季，物质平衡与气温的相关系数达到了 0.66，而与降水量的相关系数仅有 0.08。说明暖季物质平衡主要受气温控制，而降水量的影响很小，这与早期的研究结果一致。将消融强度最大的 8 月份数据剔除，暖季物质平衡与降水量的相关性有所提升，相关系数升高至 0.32。说明除了强消融期物质平衡受高温的绝对控制外，暖季其他月份的物质平衡受气温和降水的共同影响。

利用 2011—2016 年七一冰川物质平衡与托勒气象站暖季平均气温和年降水量数据，获取了物质平衡（B）与暖季平均气温（T_w）和年降水量（P）的统计关系：

$$B = -794.2T_w + 6020 \quad (R^2 = 0.78) \tag{4.2}$$

$$B = 2.2P - 1219 \quad (R^2 = 0.08) \tag{4.3}$$

结果表明，物质平衡与暖季平均气温呈显著的负相关关系，相关系数 R^2 为 0.78（显著性水平 Sig. $= 0.00 < 0.05$）。当夏季平均气温升高时，物质平衡迅速降低，向极大负平衡方向发展。物质平衡与年降水量呈不显著的正相关关系，相关系数 R^2 为 0.08（显著性水平 Sig. $= 0.00 < 0.05$）。除气温外，物质平衡在一定程度上还受该地区降水量的影响，随着降水量的增多，物质平衡将会相应增加。

为了研究七一冰川物质平衡对气候变化的敏感性，利用多元线性回归方法建立了物质平衡（B）与暖季平均气温（T_w）和年降水量（P）回归方程，物质平衡对气温和降水的敏感性系数采用最小二乘法确定，具体的回归方程为：

$$B = -178.7T_w + 2.93P \tag{4.4}$$

该式的复合相关系数 R^2 为 0.81，显著性水平为 0.000，置信度为 99.9%。

由上述回归方程可以得出，当暖季平均气温升高或降低 1 ℃时，七一冰川的物质平衡将降

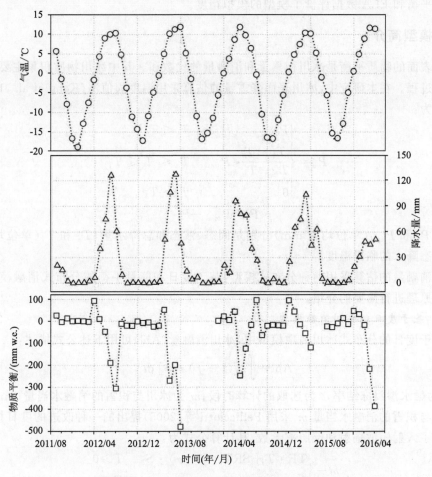

图 4-8　七一冰川月平衡与气温降水的关系

低或升高 178.7 mm;当年降水量增加或减少 1 mm 时,七一冰川的物质平衡将升高或降低 2.9 mm。即 61 mm(相当于 2011—2016 年托勒气象站平均年降水量的 18.2%)的降水增加才能弥补暖季气温升高 1 ℃引起的冰川物质损失。

4.3　基于两种分布式模型的七一冰川变化模拟

基于 2010—2012 年七一冰川实地观测的梯度气象数据和物质平衡数据,结合 Landsat 遥感影像和 ASTER GDEM 数据,构建了适合七一冰川的两种(基于度日和能量平衡)高时空分辨率(1 d,30 m×30 m)的分布式物质平衡模型。为了定量预测七一冰川区气候和冰川的未来变化,作为模型驱动的气象数据选择至关重要。本研究的处理办法是选取 CMIP5 中 15 个全球气候模式的输出结果,利用研究区附近气象站历史时期(1960—2015 年)的月气温和降水数据,对降尺度后的气候模式输出结果进行评估,选取在研究区模拟精度最优的数据分别驱动两种分布式物质平衡模型,对七一冰川历史时期的物质平衡和 ELA 变化进行了模拟,并借助实测的物质平衡和 ELA 数据评价了模型的模拟精度。

4.3.1 模型简介

冰川表面的物质平衡是冰川积累量和消融量的代数和。其中冰川物质积累主要来自于表面的降雪过程。在本研究中,冰川表面降雪量的估算采用温度阈值法(Kang et al.,1999)。其基本公式为:

$$P_s = \begin{cases} P_{total} & T < T_s \\ \dfrac{T_1 - T}{T_1 - T_s} \cdot P_{total} & T_s \leqslant T \leqslant T_1 \\ 0 & T > T_1 \end{cases} \tag{4.5}$$

$$P_1 = P_{total} - P_s \tag{4.6}$$

式中,P_s、P_1 和 P_{total}(单位均为 mm)分别是固态、液态和总降水量,T_s 和 T_1(单位均为℃)是区分固液态降水的临界温度。

冰川消融量的估算采用两种分布式模型:基于度日和能量平衡的分布式消融模型。下面就将模型原理进行简要的介绍。

4.3.1.1 基于度日的冰川消融模型

在基于度日的分布式冰川消融模型中,冰川消融量(Abl)可用下述公式描述:

$$Abl = \int_t [(1 - f) \cdot m] \, dt \tag{4.7}$$

式中,f 为融水渗浸冻结率,t 为选取的计算时段;m 为冰川与积雪的消融水当量(mm)。

冰川与积雪的消融水当量 m 采用 Pelliccotti 等(2005)提出的一种改进的度日模型,该模型中引入了入射短波辐射和反照率参数,其计算公式为:

$$m = \begin{cases} TF \cdot T + SRT \cdot (1 - \alpha) \cdot S_{in} & T > 0 \\ 0 & T \leqslant 0 \end{cases} \tag{4.8}$$

式中,TF 和 SRT 均为经验参数,其单位分别为 mm/(℃·h)和 m²·mm/(W·h),T(℃)为冰川表面 2 m 处的气温,α 为冰川表面的反射率($0 < \alpha < 1$),S_{in} 为任意天气条件下冰川表面接收的入射短波辐射(W/m²)。

入射短波辐射 S_{in} 由直射太阳辐射(I)和散射太阳辐射(D)两部分组成,晴天时入射短波辐射以直射太阳辐射为主,而在阴天时入射短波辐射受云的影响较大,因为云中的水滴会使部分直射太阳辐射以散射辐射的形式到达地表,同时入射短波辐射也会受到地形的影响。因此入射短波辐射的计算为直接入射短波辐射和散射短波辐射之和,同时还要考虑到地形的遮蔽效应。入射短波辐射中的散射辐射的比例 D_F 采用 Oerlemans(1992)提出的计算方法:

$$D_F = 0.65n + 0.15 \tag{4.9}$$

$$n = S_{in} / I_{TOA} \tag{4.10}$$

式中,n 表示云量。对于完全的阴天($n = 1$),散射辐射占入射短波辐射的 80%;而对于完全无云的晴天($n = 0$),散射辐射仅占入射短波辐射的 15%。

大气层顶太阳辐射 I_{TOA},可通过下式直接计算(Hock,1999):

$$I_{TOA} = I_0 \cdot \left(\frac{R_m}{R}\right)^2 \cdot \psi_a^{\left(\frac{P}{P_0 \cos Z}\right)} \cdot \cos\theta \tag{4.11}$$

式中，I_0 是太阳常数（1367 W/m²）；(R_m/R) 是地球轨道偏心率校正因子；R 是瞬时日地距离；R_m 是平均日地距离；ψ_a 是大气平均透明度，其取值一般在 0.6～0.7 之间，P_0 是标准大气压（1013.25 hPa）；P 是冰川区不同海拔的大气压；Z 是太阳高度角；θ 是太阳入射角。

对于太阳入射角，采用 Garnier 等（1968）提出的计算公式：

$$\cos\theta = \cos\beta\cos Z + \sin\beta\sin Z\cos(\varphi_{sun} - \varphi_{aspect}) \tag{4.12}$$

式中，β 是坡度；φ_{sun} 和 φ_{aspect} 分别是太阳方位角和坡向。式中所需的地理坐标信息，海拔、坡度和坡向数据利用 ArcGIS 软件在 DEM 中提取。

在无地形遮蔽时，冰川坡面上某一 DEM 栅格点处的直接太阳辐射 I 通过下式计算（Arnold et al.，1996）：

$$I = (1 - D_F) \cdot \vec{S}_{in} \cdot [\sin Z\cos\beta + \cos Z\sin\beta\cos(\varphi_{sun} - \varphi_{aspect})] \tag{4.13}$$

式中，$\vec{S}_{in}$ 为此栅格点处太阳光线法向平面上的等效辐射值，其计算公式为：

$$\vec{S}_{in} = S_{in}/\sin Z \tag{4.14}$$

与之对应的相同栅格点处的散射太阳辐射（D）包括天空中的散射短波辐射和周围地形反射的短波辐射：

$$D = D_0 \cdot V_{sky} + \alpha_m \cdot \vec{S}_{in} \cdot (1 - V_{sky}) \tag{4.15}$$

式中，D 是总散射辐射，D_0 是无遮蔽状态下天空中的散射辐射，α_m 是周围山谷的平均反照率，取值为 0.3。V_{sky} 是天空视因子，V_{sky} 的值为 0 时，代表栅格点没有被遮蔽；而 V_{sky} 的值为 1 时，代表栅格点完全被遮蔽。

入射太阳辐射的地形遮蔽效应采用光线示踪法（李新 等，1996；李新 等，1999；王灏宇，2005），具体的计算方法为：以冰川表面一个栅格点 P 为起点，沿太阳方位角方向追踪最靠近的新栅格，追踪步长等于栅格大小，若新栅格的海拔大于太阳光线的高度，则 P 点确定为遮蔽状态，追踪结束，进行下一个栅格点的追踪。若新栅格的海拔小于太阳光线的高度，则沿太阳方位角方向增加一步长，确定另一个新栅格继续追踪，直至新栅格海拔大于太阳光线的高度或追踪至 DEM 边缘。若沿光线的所有栅格海拔均小于太阳光线的高度，则 P 点确定为无遮蔽。同时，根据栅格点的坡度、坡向、太阳高度以及方位角判断该栅格是否存在自遮蔽现象。

4.3.1.2　基于能量平衡的冰川消融模型

在基于能量平衡的冰川消融模型中，冰川消融量（Abl）具体可表述为：

$$\text{Abl} = \int \left(\frac{Q_M}{L_m} + c_{en} + \frac{Q_L}{L_v} \right) dt \tag{4.16}$$

式中，Abl 为冰川消融量（mm），Q_M 是冰川表面的融化能量（模型中所有辐射和能量通量相关的物理量单位均为 W/m²），Q_L 是冰川表面的升华或蒸发耗热，L_m 为冰的融化潜热（3.34×10^5 J/kg），L_v 为升华或蒸发潜热（2.83×10^6 J/kg 或 2.50×10^6 J/kg），c_{en} 是附加冰和雪层内的再冻结量（将再冻结归为冰川消融过程，单位：mm）。其中 Q_M 通过冰川表面的能量平衡公式计算：

$$Q_M = S_{in} \cdot (1 - \alpha) + (L_{in} - L_{out}) + Q_S + Q_L + G \tag{4.17}$$

式中，S_{in} 是入射短波辐射，α 为冰川表面的反射率，这两个参数的计算方法与基于度日的分布式冰川消融模型相同；L_{in} 和 L_{out} 分别是入射长波辐射和出射长波辐射；Q_S 是感热通量，Q_L 是潜热通量，G 是冰雪层内热通量。

(1)长波辐射(L_{in} 和 L_{out})

冰川表面的长波辐射由入射长波辐射 L_{in} 和出射长波辐射 L_{out} 组成。根据 Duguay (1993)提出的公式,入射长波辐射 L_{in} 主要受气温和湿度的影响,其参数化方案为:

$$L_{in} = \sigma(T + 273.15)^4(b_1 + b_2 e_a) \tag{4.18}$$

式中,σ 是斯蒂芬-波尔兹曼常数(5.67×10^{-8} W/(m·K^4)),T(℃)是表面高度 2 m 处的气温,e_a(hPa)是蒸汽压,其计算由相对湿度和气温获得。b_1 和 b_2 是两个经验参数,其值由 AWS 的实测入射长波辐射、相对湿度和气温的日尺度数据通过最小二乘法率定获得。出射长波辐射 L_{out} 采用斯蒂芬-波尔兹曼定律计算:

$$L_{out} = \sigma\varepsilon(T_s + 273.15)^4 \tag{4.19}$$

式中,ε($\varepsilon = 1$)是表面发射系数,T_s(℃)是冰川表面温度。

(2)感热和潜热通量(Q_S 和 Q_L)

湍流热通量的计算使用如下方法:

$$Q_S = \rho_{air} c_p c_d u(T - T_s) \tag{4.20}$$

$$Q_L = \rho_{air} L_v c_d u(q - q_s) \tag{4.21}$$

式中,ρ_{air} 是空气密度(1.29 kg/m^3),c_p 是空气的比热(1006 J/(kg·K)),L_v 是升华或蒸发的潜热(2.83×10^6 J/kg 或 2.50×10^6 J/kg),c_d 是感热和潜热通量的传输系数,u(m/s)是风速,T(℃)和 T_s(℃)分别是 2 m 处的气温和冰川表面温度,q 和 q_s 分别是 2 m 处和冰川表面的比湿。冰川表面温度 T_s 的计算采用 Fujita 等(2000)提出的方法:

$$T_s = \frac{(1-\alpha)S_{in} + L_{in} - \sigma(T + 273.15)^4 - L_v \rho_{air} c_d u(1-q)q(T) + QG}{4\sigma(T + 273.15)^3 + (\frac{dq}{dT}L_v + c_p)\rho_{air}c_d u} + T \tag{4.22}$$

式中,首先假设消融耗热为 0,并使用以下的近似计算:

$$T_s \approx T \tag{4.23}$$

$$(T_s + 273.15)^4 \cong (T + 273.15)^4 + 4(T + 273.15)^3(T_s - T) \tag{4.24}$$

$$q(T_s) \cong q(T) + \frac{dq}{dT}(T_s - T) \tag{4.25}$$

饱和比湿 q 及其梯度 dq/dT 是温度的函数。通过 T_s 的计算公式得到的表面温度为正时,假设表面温度为 0。冰川表面温度 T_s 的迭代计算主要采用 Kondo(1994)提出的方法,直到计算的表面温度差别小于 0.1 ℃时迭代计算结束。

(a)首先假设融化耗热为 0,没有热量向下传输到冰川,根据 T_s 的计算公式得出表面温度;

(b)利用计算出的表面温度,计算向下传输到冰川的热通量,计算公式详见下一小节(QG);

(c)使用计算得出的向下传输到冰川的热通量,根据 T_s 的计算公式得出新的表面温度。

(3)冰雪层内热通量(G)

冰雪层内的总热通量(G)是由穿透的短波辐射产生的能量通量(QPS)和传导的热通量(QG)组成。QPS 是净短波辐射穿透雪层(QPS$_s$)或冰层(QPS$_i$)的部分,计算公式为:

$$QPS_{s,i} = \eta_{s,i} S_{in}(1-\alpha) \tag{4.26}$$

式中,$\eta_{s,i}$ 代表 η_s 或 η_i,为净短波辐射穿透雪层(QPS$_s$)或冰层(QPS$_i$)的比例,S_{in} 是入射短波辐射,α 为冰川表面的反射率。

根据 Fujita 等(2000)提出的方法,当雪层中没有水时,冰川内部热量的传导(QG)主要由一定时期内不同层的温度(T_z)差异引起,传导的热通量的计算公式为:

$$QG = \frac{-c_i\left(\rho_s\int_0^{Z_c}\Delta T_z\mathrm{d}z + \rho_i\int_{Z_s}^{Z_c}\Delta T_z\mathrm{d}z\right)}{\Delta t} \tag{4.27}$$

式中,ρ_s,ρ_i 是雪或冰的密度(kg/m³),c_i 是冰的比热[2100 J/(kg·K)],Z_s 是雪的厚度(m),Z_c 是出现最低冰温(T_f)的振幅小于 0.1 ℃ 的最小深度(m),根据 2007 年夏季七一冰川冰温的实测结果(蒋熹,2008),$T_f=-3.2$ ℃,$Z_c=2.3$ m;对于不同的海拔高度,T_f 按照 5 ℃/(1000 m)的梯度计算。如果湿雪的表面温度为 0 ℃,冰川表面与内部之间的热量交换为 0,因为此时雪层内部不存在温度梯度。如果湿雪的表面温度为负值,热量会从冰川内部传输到冰川表面,传递的热量根据冰川内部的温度梯度计算:

$$QG = -K_s\frac{T_s}{b_s} \tag{4.28}$$

式中,K_s 是雪的有效热传导率[W/(m·K)],T_s 是冰川表面温度(℃),b_s 是雪层的分层厚度,将冰雪划分为多层,雪层按照 0.1 m($b_s=0.1$ m),冰层按照 0.5 m($b_i=0.5$ m),直到冰川内部温度恒定的深度处为止。

冰川内部不同层的温度(T_z)由下式计算(Fujita et al.,2000):

$$\rho_{s,i}c_i\frac{\partial T_z}{\partial t} = K_{s,i}\frac{\partial^2 T_z}{\partial z^2} + \frac{\partial QPS_{s,i}(z)}{\partial z} \tag{4.29}$$

式中,$K_{s,i}$ 是雪或冰的有效热传导率[W/(m·K)],计算公式分别来自 Mellor(1978)和 Hobbs(1974):

$$K_s = 0.29(1+10^{-4}\rho_s^2) \tag{4.30}$$

$$K_i = 0.47 + \frac{488.2}{273.15+T_z} \tag{4.31}$$

(4)附加冰和雪层内的再冻结量(C_{en})

冰川内部的附加冰和雪层内的再冻结量(C_{en})对于物质平衡至关重要(Fujita et al.,2000)。在本研究中,一定时期内形成的附加冰量(F_s)根据冰川内部冰温的变化(ΔT_z)来计算:

$$F_s = \frac{\rho_i c_i}{L_m}\int_{Z_s}^{Z_c}\Delta T_z\mathrm{d}z \tag{4.32}$$

其中,当有降雨或融水补给时,假设 5% 的降雨或融水会滞留于雪层中,当温度小于 0 ℃ 时发生再冻结;其余的水则发生下渗,下渗的水不会渗入冰层,而是在雪/冰界面处再冻结形成附加冰(F_s),剩余的水则形成径流流出冰川,补给河流径流。雪层中毛管水的再冻结量(F_c)描述为:

$$F_c = -\frac{K_s T_s}{L_m b_s} \tag{4.33}$$

当水渗透到温度更低的雪层中时也会发生再冻结,这部分水的再冻结量根据雪层中雪温的变化(ΔT_z)来计算:

$$F_c = \frac{\rho_s c_i}{L_m}\int_0^{Z_s}\Delta T_z\mathrm{d}z \tag{4.34}$$

4.3.2 参数率定和模型驱动

4.3.2.1 参数率定

（1）气温直减率和降水梯度

在北大河流域,山区与平原区的气候变化存在差异性,相比较而言,气温变化的空间差异较小,而降水量变化的空间差异较大(王宁练 等,2010)。因此利用 2011—2013 年七一冰川气温和降水在不同海拔梯度的观测资料与山区台站(托勒和野牛沟)同时段的气象资料进行相关分析,进而确定模型驱动。相关分析的结果(表 4-3)显示:在两个山区气象站,气温的相关系数均大于降水;而无论气温还是降水的相关系数均是托勒气象站优于野牛沟气象站。因此最终选择托勒气象站数据作为模型驱动。据王宁练等(2009)的研究结果,七一冰川区 2007—2008 年的气温垂直递减率为 0.73 ℃/(100 m),最大降水高度带位于海拔 4500~4700 m,最大年降水量为 485 mm。而 2010—2011 的观测结果显示,气温垂直递减率为 0.70 ℃/(100 m),最大降水高度带出现在海拔 4670 m 观测点处,最大年降水量为 411 mm,结果非常一致。为提高模拟精度,本研究利用七一冰川气温和降水海拔梯度观测资料,在不同的月份和高度带采用不同的气温垂直递减率和降水梯度,并在计算气温垂直递减率时考虑了"冰川温跃值"的影响(表 4-4,表 4-5,表 4-6)。此外,相对湿度按照海拔高度 1.5%/(100 m)的递增率线性插值。

表 4-3　不同海拔梯度观测的七一冰川区月尺度气温和降水数据与山区气象站同时段数据的相关系数

代码		海拔/m	相关系数	
			托勒	野牛沟
气温	H1	3727	0.994	0.982
	H2	3975	0.994	0.981
	H3	4101	0.994	0.981
	H4	4304	0.993	0.979
	H5	4392	0.990	0.976
	H6	4470	0.988	0.974
	H7	4608	0.988	0.974
	H8	4884	0.985	0.969
降水	R1	3717	0.910	0.748
	R2	3960	0.920	0.792
	R3	4120	0.926	0.804
	R4	4250	0.928	0.805
	R5	4516	0.899	0.806
	R6	4670	0.916	0.808
	R7	4879	0.916	0.808

表 4-4　七一冰川不同月份的冰川温跃值

月份	1	2	3	4	5	6	7	8	9	10	11	12
温跃值/℃	0.37	0.37	0.48	0.79	0.82	0.14	1.21	0.53	0.07	0.68	0.47	0.51

表 4-5　考虑温跃值后七一冰川不同月份和高度带的气温垂直递减率

单位:℃/(100 m)

海拔	月份											
	1	2	3	4	5	6	7	8	9	10	11	12
≤3975 m	−0.42	−0.53	−0.60	−0.66	−0.75	−0.68	−0.69	−0.61	−0.74	−0.54	−0.58	−0.39
3975~4101m	−0.57	−0.49	−0.50	−0.65	−0.69	−0.60	−0.35	−0.46	−0.47	−0.47	−0.50	−0.57
4101~4304 m	−0.61	−0.51	−0.53	−0.69	−0.73	−0.63	−0.86	−0.67	−0.71	−0.49	−0.53	−0.60
4304~4392 m	−0.40	−0.46	−0.52	−0.74	−0.74	−0.51	−0.51	−0.33	−0.66	−0.53	−0.57	−0.42
4392~4470 m	−0.52	−0.69	−0.51	−0.86	−0.83	−0.56	−0.95	−0.87	−0.64	−0.53	−0.43	−0.34
4470~4608 m	−0.49	−0.45	−0.45	−0.49	−0.64	−0.49	−0.49	−0.50	−0.67	−0.41	−0.40	−0.43
>4608 m	−0.67	−0.63	−0.45	−0.69	−0.62	−0.45	−0.58	−0.64	−0.38	−0.47	−0.48	−0.50

表 4-6　七一冰川不同月份和高度带的降水梯度　单位:mm/(100 m·d)

海拔	月份											
	1	2	3	4	5	6	7	8	9	10	11	12
≤3960 m	0.41	0.12	0.21	0.00	0.82	0.26	0.38	0.06	0.15	0.48	0.18	0.00
3960~4120 m	0.19	0.31	0.19	0.63	0.38	0.31	0.03	0.16	0.05	0.82	0.80	1.91
4120~4250 m	0.23	0.15	0.38	0.62	0.31	0.19	0.09	0.19	0.15	1.14	0.83	2.12
4250~4516 m	0.11	1.50	0.26	0.26	0.08	0.14	0.51	0.09	0.01	1.36	1.83	3.88
4516~4670 m	1.03	0.39	0.39	0.65	0.39	0.32	0.16	0.32	0.67	2.43	0.99	1.55
>4670 m	−0.24	−0.38	−0.24	−0.27	−0.29	−0.28	−0.24	−0.32	−0.14	−0.33	−0.44	−0.29

(2) 反照率和入射短波辐射

冰川表面的反照率是物质平衡模型最重要的参数之一,它通过影响冰川表面的净短波辐射,从而极大地影响冰川消融过程。影响反照率的因素很多,冰川表面特征(如雪粒大小、表面的水量、雪的洁净程度及雪的厚度等)和太阳辐射状况(如入射太阳辐射的角度、云量导致的直射太阳辐射和散射太阳辐射的差异等)都对冰川表面反照率影响很大。Brock 等(2000)对比分析影响瑞士 Haut 冰川表面反照率的各个因素(积雪粒径、表面污化程度、表碛覆盖度、积雪密度、雪深、积累量及消融量等)时发现,气温能较好地代表引起冰川反照率变化的各个因素,是反照率参数化的一个理想因子。针对我国山地冰川的特点,康尔泗等(1994)利用大西沟气象站的日平均气温(T)资料建立了乌鲁木齐河源 1 号冰川不同表面(雪面或冰面)反照率与气温的关系,具体的方程为:

$$\alpha_{snow} = 0.82 - 0.03T - 1.74 \times 10^{-3}T^2 - 1.14 \times 10^{-4}T^3 \tag{4.35}$$

$$\alpha_{ice} = 0.27 - 0.01T \tag{4.36}$$

积雪的反照率与降雪后的天数密切相关,一方面降雪后的天数反映积雪晶粒随时间的变质作用;另一方面也反映了积雪表面污化物随时间的积累效应。因此降雪后的天数因子广泛应用于反照率的参数化(Oerlemans et al.,1989;Oerlemans et al.,1998b;Klok et al.,2002)。在本研究中,冰川表面的反照率计算采用 Oerlemans 等(1998b)提出的参数化方案,其中,冰的反照率(α_{ice})参数化不使用固定值,而是采用露点温度(T_c)的一元线性回归方程(Mölg et al.,2009)。具体的计算公式为:

$$\alpha_{ice} = aT_c + b \tag{4.37}$$

式中,α_{ice} 是冰面反照率,T_c 是露点温度,a($a=0.075$)和 b($b=0.13$)是经验系数,根据实测数据采用最小二乘法率定。积雪覆盖的冰川表面的反照率 $\alpha_{snow}^{(i)}$ 是降雪后的天数的函数:

$$\alpha_{snow}^{(i)} = \alpha_{firn} + (\alpha_{frsnow} - \alpha_{firn})\exp(\frac{s-i}{t^*}) \tag{4.38}$$

式中,α_{firn}($\alpha_{firn}=0.7$)是粒雪反照率,α_{frsnow} 是新雪反照率,s 是上一次降雪距离现在的时间,i 是实际时间,t^*($t^*=1.73$ d)是时间尺度。最终冰川表面的反照率 $\alpha^{(i)}$ 为:

$$\alpha^{(i)} = \alpha_{snow}^{(i)} + (\alpha_{ice} - \alpha_{snow}^{(i)})\exp(\frac{-d}{d^*}) \tag{4.39}$$

式中,d 是雪的深度(单位:cm),雪的深度利用雪面高度计(SR50)测量获得,其原理是利用超声波到达冰川表面的时间来测量其高度变化。由于声音在空气中的传播速度受空气密度及气温的影响,需要对 SR50 数据进行校正。校正步骤如下:首先对测量数据进行自动滤波处理,剔除异常值,同时手动去除掉显著的错误测量值;其次根据仪器指导手册提供的公式对温度变化导致的误差进行校正。初始雪深数据采用测杆及雪坑处的实测雪深,其他栅格的初始雪深采用一元线性回归方法按照海拔梯度进行线性插值。d^*($d^*=1.91$ cm)是雪的特征深度。野外观测发现,冬季气温低而且降雪量少,降雪降落到冰川表面消融微弱,但在风吹雪的影响下迅速形成一层较硬的风板,从而冰川反照率趋于稳定。在实际的计算中,将风速变量引入参数化方案,建立一元线性回归方程来模拟新雪的反照率 α_{frsnow},使模拟更为精确。

图 4-9 对比了七一冰川表面观测和模拟的日平均反照率,模拟的反照率在整体上能较好地反映反照率的实际变化过程,模拟值与实测值的相关系数达到 0.76($n=413$),平均相对偏差为 $+9.6\%$,均方根误差为 0.085,模拟结果较好。受风吹雪的影响,暖季的模拟精度优于冷季。

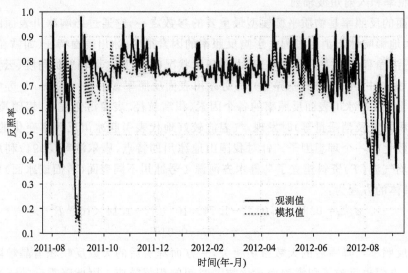

图 4-9　七一冰川 AWS(自动气象站)处实测与模拟的日平均反照率对比(2011 年 7 月 25 日—2012 年 9 月 9 日)

实测的入射短波辐射 S_{in} 采用 itpcas 数据(http://dam.itpcas.as.cn/rs/? q=data)中托勒气象站 1960—2010 年的逐日入射太阳辐射数据,2011—2015 年的入射短波辐射 S_{in} 采用云量 n 的计算公式反推,首先计算托勒气象站逐日的大气层顶太阳辐射 I_{TOA}(W/m²),通过云量 n 的计算公式结合 itpcas 数据(S_{in})得到 1960—2010 年托勒气象站的逐日云量,再将其与气象数据进行相关分析,发现云量与相对湿度和日照时数的相关性最强(R^2 分别为 -0.41 和 0.93),从而建立云量与相对湿度和日照时数的二元一次回归方程,对 2011—2015 年的 S_{in} 进行插补。图 4-10 为 AWS 处实测与模拟的日平均入射短波辐射,整体上模拟的入射短波辐射比实测值略有偏高,但仍可以较好地反映入射短波辐射的时间和空间变化,模拟值与实测值的相关系数达到 $0.75(n=413)$,平均值误差为 13 W/m²($+7.4\%$),均方根误差为 57.8,模拟效果较好。

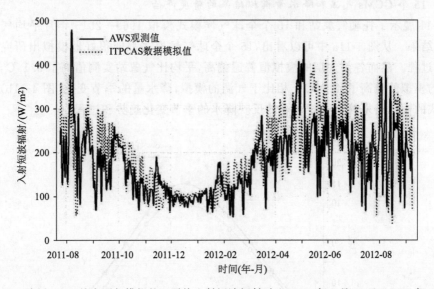

图 4-10　七一冰川 AWS 处实测与模拟的日平均入射短波辐射对比(2011 年 7 月 25 日—2012 年 9 月 9 日)

(3) 其他参数

在模型计算过程中,两种分布式模型中所涉及的其他参数及其率定方法详见表 4-7。

表 4-7　模型中所涉及的其他参数及率定方法

参数名称	最优值	所属模型		率定方法
		度日	能量平衡	
固态降水临界温度(T_s)	-1.05	√	√	蒙特卡洛
液态降水临界温度(T_l)	0.64	√	√	蒙特卡洛
固态降水校正系数(Cf_s)	1.1	√	√	实地观测
液态降水校正系数(Cf_l)	1.3	√	√	实地观测
融水渗浸冻结率(f)	0.076	√		模型计算
经验参数(TF_{ice})	6.30	√		最小二乘法
经验参数(TF_{snow})	5.99	√		最小二乘法
经验参数(SRT_{ice})	0.0046	√		最小二乘法
经验参数(SRT_{snow})	0.0022	√		最小二乘法

参数名称	最优值	所属模型		率定方法
		度日	能量平衡	
入射长波辐射经验参数(b_1)	0.058		√	最小二乘法
入射长波辐射经验参数(b_2)	0.62		√	最小二乘法
净短波辐射雪层穿透率(η_s)	0.036		√	蒙特卡洛
净短波辐射冰层穿透率(η_i)	0.28		√	蒙特卡洛
感热和潜热通量传输系数(C_d)	0.0033		√	蒙特卡洛

4.3.2.2　15 个 GCMs 气温和降水量模拟结果的精度评估

图 4-11 展示了托勒气象站和 15 个全球气候模式模拟 1969—2015 年月平均气温和降水量的对比结果。从图 4-11a 中可以看出,15 个全球气候模式都能很好地模拟出研究区气温的季节变化过程。然而各月气温的模拟值普遍偏高,平均比气象站实测值高了 3.1 ℃,尤其是夏季,气温的模拟值偏高了 4.5 ℃。相比于气温的模拟,降水量的季节变化(图 4-11b)模拟效果较差,模式的模拟结果甚至不能很好地反映降水的季节变化趋势和过程。

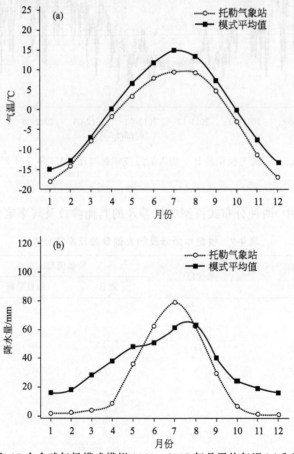

图 4-11　托勒气象站和 15 个全球气候模式模拟 1969—2015 年月平均气温(a)和降水量(b)的对比结果

为了定量研究模式模拟的气温和降水在研究区的精度,选取了相关系数(R)、偏差(Bias)、平均相对偏差(MRE)、均方根误差(RMSE)和平均绝对偏差(MAE)5 个统计量对模式模拟值进行了评估,结果如表 4-8 和表 4-9 所示。从气温的评估结果(表 4-8)看,15 个模式的月气温模拟值与托勒气象站数据相关性很强,相关系数都超过了 0.96;从其余四个指标来看,CCSM4、CSIRO-MK3.6.0、GFDL-CM3、GISS-E2-H、GISS-E2-R、HadGEM2-ES、IPSL-CM5A-LR、MRI-CGCM3、NorESM1-M 模式的气温模拟值都具有较高的模拟精度。降水量的评估结果(表 4-9)明显差于气温,单一模式的月降水量模拟值与托勒气象站数据的相关系数最大仅有 0.72(CCSM4),而多模式集合平均与气象站数据的相关性显著提升,相关系数达到了 0.81。综合考虑五个评价指标,CSIRO-MK3.6.0、HadGEM2-ES、IPSL-CM5A-LR、MIROC-ESM-CHEM、MPI-ESM-LR、MRI-CGCM3 的降水量模拟值的精度相对较高。无论气温还是降水,不同模式的模拟结果差别很大,相比于单一模式,15 个模式集合平均模拟结果的模拟精度并没有显著提升,只能算是中等。根据上述评估结果,CSIRO-Mk3.6.0、IPSL-CM5A-LR、HadGEM2-ES 和 MRI-CGCM3 四个模式输出的气温和降水数据精度最高,数据质量最好。

表 4-8　15 个全球气候模式模拟的月平均气温在北大河流域模拟精度的评估结果

模式名称	相关系数 R	偏差 Bias	平均相对偏差 MRE	均方根误差 RMSE	平均绝对偏差 MAE
BCC-CSM1.1	0.98	−2.03	1.32	7.14	1.62
BNU-ESM	0.98	−2.04	1.32	7.49	1.70
CanESM2	0.98	−2.02	1.35	7.65	1.77
CSIRO-Mk3-6-0	0.98	−0.46	0.37	2.64	1.14
IPSL-CM5A-LR	0.97	−0.27	0.33	2.75	1.03
FGOALS-g2	0.96	−1.34	0.86	5.64	1.41
MIROC-ESM-CHEM	0.96	−2.72	1.71	10.15	2.04
HadGEM2-ES	0.98	−0.98	0.61	3.98	1.19
MPI-ESM-LR	0.98	−1.38	0.86	5.03	1.21
MRI-CGCM3	0.98	0.27	0.44	2.68	1.30
GISS-E2-H	0.97	0.02	0.50	3.04	0.98
GISS-E2-R	0.97	−0.48	0.41	3.80	0.81
CCSM4	0.98	0.50	0.48	2.70	1.30
NorESM1-M	0.98	−0.68	0.58	3.10	1.23
GFDL-CM3	0.98	−0.32	0.34	2.61	1.03
平均值	0.99	−0.93	0.53	3.56	1.08

表 4-9　15 个全球气候模式模拟的月降水量在北大河流域模拟精度的评估结果

模式名称	相关系数 R	偏差 Bias	平均相对偏差 MRE	均方根误差 RMSE	平均绝对偏差 MAE
BCC-CSM1.1	−0.01	−0.18	17.65	33.93	18.10
BNU-ESM	−0.32	0.49	39.57	46.44	40.07

模式名称	相关系数 R	偏差 Bias	平均相对偏差 MRE	均方根误差 RMSE	平均绝对偏差 MAE
CanESM2	0.47	−0.58	4.68	30.74	4.89
CSIRO-Mk3-6-0	0.65	−0.07	8.12	23.55	8.78
IPSL-CM5A-LR	0.58	0.76	15.91	33.57	16.77
FGOALS-g2	−0.16	0.13	25.51	36.00	26.05
MIROC-ESM-CHEM	0.57	0.59	20.26	30.43	21.09
HadGEM2-ES	0.68	0.12	5.29	23.50	6.03
MPI-ESM-LR	0.69	0.30	11.54	24.57	12.34
MRI-CGCM3	0.70	−0.02	7.86	22.20	8.58
GISS-E2-H	0.53	1.17	29.93	41.89	30.82
GISS-E2-R	0.65	1.16	31.07	37.96	31.98
CCSM4	0.72	1.01	16.02	36.10	16.94
NorESM1-M	0.65	1.15	18.05	41.98	18.97
GFDL-CM3	0.28	1.00	15.00	38.67	15.86
平均值	0.81	0.44	17.62	22.46	18.48

4.3.3 历史时期的物质平衡和 ELA 变化模拟

本章的主要研究目的之一是预估七一冰川未来的物质平衡和 ELA 变化,作为模型驱动的气象数据选择是未来预测准确性的关键。在七一冰川区,气温(尤其是夏季气温)是衡量冰雪表面能量综合状况的理想指标,深刻影响着冰川的消融状况;而降水是冰川积累量的主要来源,不同的水热组合直接控制着冰川的物质平衡状况。因此驱动数据的预处理选取了气温和降水两个最常用的气象因子来进行全球气候模式模拟精度的评估。具体的步骤为:首先,利用统计降尺度、模式偏差校正和多模式集合平均等方法,对全球耦合模式比较计划第五阶段(CMIP5)的 15 个全球气候模式及多模式集合平均的数据进行降尺度处理;其次,利用托勒气象站历史时期(1960—2005 年)月尺度的气温和降水数据,对降尺度后的气候模式输出结果进行评估;再次,选取在研究区模拟精度较好的单一模式或多模式集合平均结果来驱动度日和能量平衡两种分布式物质平衡模型;最后,利用实测和文献中的七一冰川物质平衡和 ELA 数据,对两种模型模拟的历史时期冰川物质平衡和 ELA 结果进行对比验证,并利用相关系数、偏差和均方根误差等统计量进一步评价不同时间尺度下两种模型的模拟精度。

4.3.3.1 七一冰川历史时期的物质平衡变化

(1)单点年内物质平衡

为验证模型的模拟结果,选取了冰川主流线上 4 根测杆和 1 个雪坑(地理位置详见表 4-10)的实测物质平衡数据(2011 年 7 月 25 日—2012 年 9 月 9 日)对两种模型的模拟结果进行对比验证。其中暖季的观测频度为每 5 日观测一次,而冷季的观测频度为每月观测一次。图 4-12 展示了七一冰川单点年内的实测和模拟物质平衡的对比结果。从整个冰川来看,度日模型的模拟结果与七一冰川实测值的相关系数(R)、偏差(Bias)、平均相对偏差(Mean Rela-

tive Error)和均方根误差(Root Mean Square Error)分别是 0.89 mm、3.6 mm、0.8 mm 和
14.7 mm,而能量平衡模型的模拟结果与七一冰川实测值的上述 4 个评估指标分别是
0.86 mm、8.8 mm、0.9 mm 和 22.7 mm。整体上两种模型的模拟结果与实测物质平衡非常
一致,模型表现出色,说明两种模型都能很好地反映模拟时段内冰川的物质平衡过程。

表 4-10　选取的测杆与雪坑点的地理位置

测点编号	海拔/m
测杆 1#	4327
测杆 2#	4466
测杆 3#	4622
测杆 4#	4794
雪坑 5#	5135

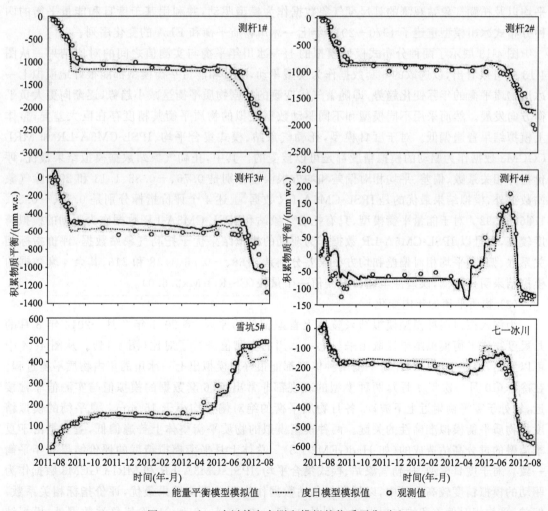

图 4-12　七一冰川单点实测和模拟的物质平衡对比

　　七一冰川属于"夏季补给型"冰川(谢自楚,1980)。无论在积累区还是消融区,由于冷季(10月—次年4月)气温低而且降水稀少,七一冰川的积累和消融都很微弱,物质平衡接近于0,具体表现为在消融区呈现微弱负平衡,而在积累区呈现微弱正平衡。而暖季(5—9月)是积累和消融发生的主要季节。在消融区(测杆1—3♯),模拟时段内的累积物质平衡在暖季持续减小,说明物质平衡过程中的每个阶段均为负平衡,气候持续变暖造成的冰川加速消融是造成这一现象的主要原因。在海拔较低的消融区,温度相对较高,降水主要以降雨(液态)的形式降落到冰川表面,这些降水非但不能形成冰川积累,反而对冰川表面具有加热作用,从而加剧冰川消融。在零平衡线附近(测杆4♯),5月、6月和9月是冰川积累的主要季节,然而5—6月积累的季节性积雪会在夏季(7月、8月)的高温作用下迅速消融殆尽,从而年平衡处于零平衡状态。积累区(雪坑5♯)的物质平衡过程与消融区截然相反,几乎在物质平衡过程中的每个阶段均为正平衡,冰川积累主要发生在5—6月,同时,由于高海拔造成的低温,夏季积雪不但没有消融反而还存在一定积累。

　　(2)物质平衡的年际变化

　　除了模拟精度最高的4套全球气候模式数据之外,本研究还选取了上述4套数据的集合平均以及托勒气象站观测的日尺度气象数据作为模型驱动,并利用基于度日和能量平衡的两种分布式冰川模型重建了1970—2015年七一冰川物质平衡和ELA的变化序列。

　　图4-13展示了两种分布式模型模拟的七一冰川年平衡与实测值之间的对比结果。从图4-13中可以看出,以选取的6套数据作为模型驱动,度日和能量平衡模型都能很好地模拟七一冰川物质平衡的年际变化趋势,即随着气候变暖的加剧物质平衡呈减小趋势,逐渐向更大负平衡方向发展。然而采用不同模型和不同驱动数据模拟的物质平衡其精度存在巨大差异,整体上模拟结果普遍偏低。对于度日模型,托勒气象站、模式集合平均、IPSL-CM5A-LR和MRI-CGCM3数据作为驱动的模拟精度都是可以接受的。其中,托勒气象站数据模拟结果最优,评价指标相关系数、偏差、平均相对偏差和均方根误差分别是0.76、-0.38、1.13和290;除气象站数据外,模拟结果最优的是IPSL-CM5A-LR数据,上述4个评价指标分别是0.55、-0.88、1.56和392。对于能量平衡模型,只有托勒气象站和IPSL-CM5A-LR数据作为驱动的模拟精度较高,而且以IPSL-CM5A-LR数据作为驱动的模拟结果优于托勒气象站数据,评价指标相关系数、偏差、平均相对偏差和均方根误差分别是0.68、-0.56、1.38和316;其余4套数据的模拟结果明显偏低,误差甚至超出观测值一个量级(CSIRO-Mk3.6.0)。

　　(3)物质平衡的年内变化

　　为深入探讨两种模型模拟结果整体上普遍偏低的原因,将2011年7月—2014年8月的月尺度物质平衡模拟结果提取出来与七一冰川的实测值进行了对比(图4-14)。从图4-14中可以看出,整体上度日和能量平衡两种模型都能很好地模拟出七一冰川的年内物质平衡过程。在冷季(10月—次年4月),两种模型的表现都非常出色,6套数据的模拟值与实测值非常接近,均处于零平衡附近上下波动,各月物质平衡的绝对偏差均小于15 mm。夏平衡的模拟精度是物质平衡模拟准确性的关键。两种模型模拟的物质平衡整体上普遍偏低,主要是由于夏季消融的过分高估造成的(如HadGEM2-ES)。总体上月平衡模拟精度的评价结果与年平衡一致。对于度日模型,托勒气象站、模式集合平均、IPSL-CM5A-LR和MRI-CGCM3数据作为驱动的模拟精度较高。其中,以托勒气象站数据作为驱动模拟结果最优,评价指标相关系数、偏差、平均相对偏差和均方根误差分别是0.86、-0.69、1.58和84;除气象站数据外,模拟结

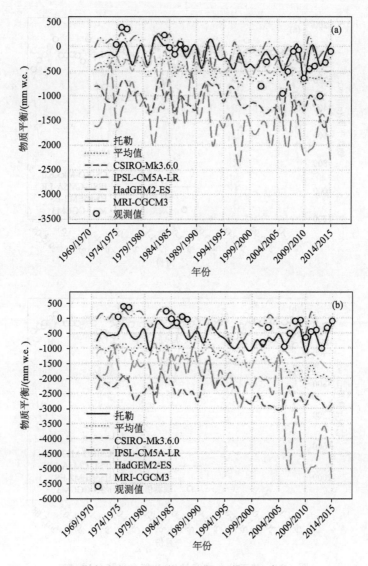

图 4-13　基于分布式度日(a)和能量平衡(b)模型重建的 1969—2015 年
七一冰川年平衡序列及其与实测值的对比

果最优的仍是 IPSL-CM5A-LR 数据,上述四个评价指标分别是 0.76、−0.74、2.46 和 88。对
于能量平衡模型,同样只有托勒气象站和 IPSL-CM5A-LR 的数据作为驱动的模拟精度较高,
而且托勒气象站数据的模拟结果优于 IPSL-CM5A-LR,评价指标相关系数、偏差、平均相对偏
差和均方根误差分别是 0.91、0.28、5.93、51 和 0.84、−0.49、6.01、70。因此,以托勒气象站
和 IPSL-CM5A-LR 两套数据作为模型驱动,利用两种分布式模型模拟七一冰川的物质平衡,
不仅能很好地反映物质平衡的年际变化,而且可以很好地模拟七一冰川的年内物质平衡过程。

4.3.3.2　七一冰川历史时期的 ELA 变化

图 4-15 展示了两种分布式模型模拟的七一冰川 ELA 序列及其与实测值之间的对比结
果。如图 4-15a,以 6 套数据作为模型驱动,度日模型模拟的 ELA 序列与七一冰川实测的
ELA 年际变化趋势一致,均呈现升高趋势。不同的驱动数据获得的 ELA 模拟值的精度存在

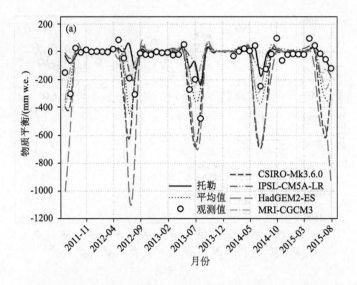

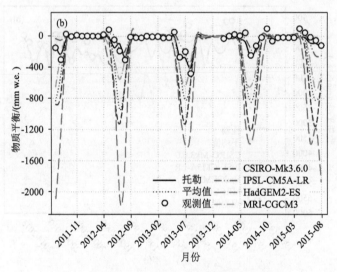

图 4-14 基于分布式度日(a)和能量平衡(b)模型
重建的七一冰川月平衡及其与实测值的对比

巨大差异;HadGEM2-ES 和 CSIRO-Mk3.6.0 数据的模拟值远高于实测值;模式集合平均和
MRI-CGCM3 数据重建 ELA 序列的增加趋势过于平缓,不能很好地反映七一冰川 ELA 年际
间的差别;托勒气象站和 IPSL-CM5A-LR 数据的模拟结果仍为最优,而且 IPSL-CM5A-LR 数
据的模拟结果要优于托勒气象站。评价指标相关系数、偏差、平均相对偏差和均方根误差分别
是 0.61、−0.013、0.026、146 和 0.67、−0.0093、0.022、131。对于能量平衡模型,6 套数据重
建的 ELA 序列的变化趋势与度日模型不同,ELA 的年际变化序列呈现出先升高后下降的趋
势,ELA 的最大值出现在 20 世纪 90 年代后期。从模拟精度来看,托勒气象站、模式集合平
均、HadGEM2-ES、CSIRO-Mk3.6.0 和 MRI-CGCM3 5 套数据的 ELA 重建结果都明显高于
实测值,而且 20 世纪 90 年代末期之后的下降趋势极为显著,这显然与近期研究区迅速增暖增
湿的气候变化状况相违背。IPSL-CM5A-LR 的数据作为驱动的模拟精度较高,还要优于度日

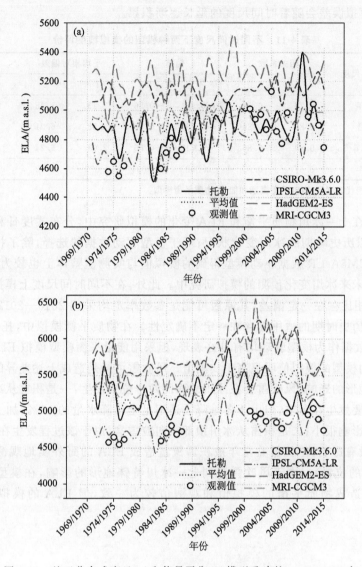

图 4-15 基于分布式度日（a）和能量平衡（b）模型重建的 1969—2015 年
七一冰川 ELA 序列及其与实测值的对比

模型的结果，评价指标相关系数、偏差、平均相对偏差和均方根误差分别是 0.69、－0.004、0.02 和 121。

4.3.3.3 模拟精度评价

在本节研究中，除了对不同模型和不同驱动数据获得的模拟结果进行精度评价之外，还对两种模型在不同时间尺度下的模拟精度进行了全面系统地评价（表 4-11）。对于度日模型，采用托勒气象站数据驱动得到模拟结果，而能量平衡模型采用 IPSL-CM5A-LR 数据驱动得到模拟结果。从表 4-11 中可以看出，无论是物质平衡还是 ELA，实测值与两种模型的模拟值都表现出很高的相关性，相关系数均超过 0.67。从平均值的偏差和相对偏差看，实测值和模拟值之间存在一定的差距，偏差基本上是随着时间尺度的延长逐渐降低的。但从均方根误差来看，两种模型模拟的 5 d 尺度的物质平衡结果最优，月平衡结果次之，而年平衡结果最差。因此，单个模拟值的模拟误差会随着时间尺度的延长逐渐积累。

表 4-11　不同时间尺度下两种模型的模拟精度评价

项目	时间尺度	相关系数		偏差		平均相对偏差		均方根误差	
		1	2	1	2	1	2	1	2
物质平衡	年	0.76	0.68	−0.38	−0.56	1.13	1.38	290	316
	月	0.86	0.84	−0.69	−0.49	1.58	6.01	84	70
	5 d	0.89	0.86	−0.71	−0.66	2.03	6.24	32	28
ELA	年	0.67	0.69	−0.0093	−0.004	0.022	0.02	131	121

注：表中 1、2 分别代表度日-物质平衡模型和能量-物质平衡模型。

综上所述，在七一冰川物质平衡和 ELA 变化的模拟研究中，分布式度日和能量平衡模型均能很好地模拟历史时期的冰川变化状况；对于模型驱动数据的选择，除了托勒气象站数据外，采用 IPSL-CM5A-LR 数据驱动模型得到的模拟值与实测值整体上也较为一致，模拟结果较好，可以用于未来冰川变化预测的模拟研究中。此外，在不同时间尺度上模拟的物质平衡和 ELA 与实测值相比存在一定偏差，其原因可能是参数率定均采用 2010—2012 年的实测数据完成，参数值对历史时期的适用性存在一定不确定性。在物质平衡模拟中，托勒气象站和 IP-SL-CM5A-LR 数据作为模型驱动均有良好表现，但采用能量平衡模型模拟 ELA 变化时，托勒气象站数据驱动模型的模拟值明显高于实测值。风吹雪可能是造成上述差异的主要原因。受七一冰川所在地形的影响，风吹雪会在冰川表面的两个位置发生：一是积雪从冰舌吹向非冰川区，这一过程主要发生在冬季，但由于冬季降雪还不足全年降水量的 10%，加上冰舌区面积有限，对年平衡的影响很小；二是积雪从冰川顶部吹向粒雪盆，由于该过程发生在冰川内部，因此对年平衡几乎没有影响，但粒雪盆常年被积雪覆盖造成 ELA 的野外实地观测处于粒雪盆的下方（海拔更低的位置）。由于风吹雪受到七一冰川特殊地形的影响，在模型模拟中未考虑这一过程，从而造成物质平衡的模拟值和观测值较为一致，但 ELA 的模拟值普遍高于实测值。

第 5 章　北大河流域冰川变化及其影响因素分析

为辨识影响冰川变化的真正因素,揭示气候变暖背景下冰川融水径流变化对河流径流的影响,以气象站数据为模型驱动,借助一个基于度日的分布式冰川模型,对 1957—2013 年北大河流域冰川的物质平衡、零平衡线和融水径流进行了模拟和重建。从气候(气温和降水量)、地形(海拔、坡度、坡向等)和冰川形态(冰川面积、长度)三个方面对影响冰川变化的要素进行了分析。

5.1　冰川物质平衡和 ELA 的时空变化

5.1.1　冰川物质平衡和 ELA 的时间变化

冰川物质平衡和 ELA 是反映冰川状态最直接的指标。对于北大河流域调查的 631 条冰川来说,1957—2013 年流域平均物质平衡为 −272 mm,冰储量损失量达 4.0 Gt。最小物质平衡发生在 2012/2013 年(−1043 mm),最大物质平衡发生在 1982/1983 年(+197 mm),两者相差 1240 mm。相应地,多年平均 ELA 为 4916 m。最高的年平均 ELA 发生在 2012/2013 年(5280 m),最低的 ELA 发生在 1982/1983 年(4292 m),两者相差 988 m。在三大子流域丰乐河、洪水坝河和托来河流域,多年平均物质平衡分别为 −449 mm、−260 mm 和 −252 mm,从东往西呈现增加趋势。相应地,三个子流域的年平均 ELA 分别为 4894 m、4923 m 和 4916 m。

图 5-1 展示了北大河及其三个子流域 1957—2013 年冰川物质平衡和 ELA 的年际变化。整个流域冰川的平均物质平衡呈减少的趋势。假定年际变化为一个连续的线性趋势,年平衡的减少量为 7.6 mm/a。年平衡的累积距平先呈现波动上升的趋势,之后迅速下降并转为负值,最大累积距平值发生在 1992/1993 年。其中 1957/1958 年到 1992/1993 年的平均物质平衡为 −161 mm,而 1992/1993 年到 2012/2013 年的平均物质平衡为 −479 mm,平均减少了 319 mm。子流域丰乐河、洪水坝河和托来河冰川物质平衡的时间变化与北大河流域的变化趋势整体类似,三个子流域冰川物质平衡的年际减少率分别是 9.5 mm/a、7.5 mm/a 和 7.3 mm/a。相应地,1957—2013 年北大河流域冰川的平均 ELA 上升了 242 m,平均上升速度为 4.3 m/a。1992/1993 年前后,年平均 ELA 先是波动降低,而后迅速升高。同样的变化趋势也发生在三个子流域,丰乐河、洪水坝河和托来河的年平均 ELA 分别升高 4.2 m/a、4.6 m/a 和 4.2 m/a。

受高原地区复杂大气环流系统的影响,中国西部山地冰川的物质平衡具有特定的季节变化特征(谢自楚,1980)。在一个物质平衡年内(图 5-2),北大河流域冰川消融和积累均主要发

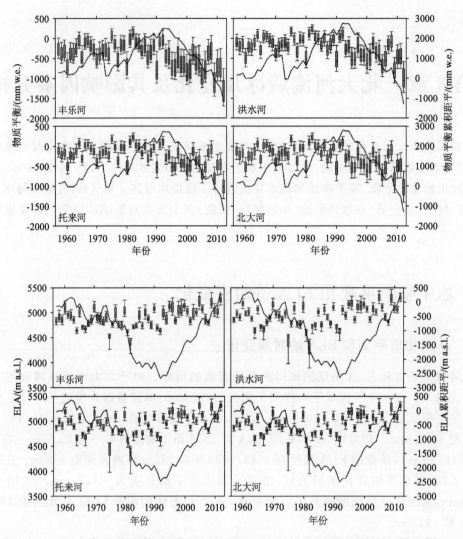

图5-1 1957—2013年北大河及其子流域冰川物质平衡和ELA的年际变化(箱图)与累积距平(实线)

生在暖季(5—9月)。冷季(10—次年4月)呈现较小的正平衡,月平均物质平衡为7.1 mm。这个时期冰川的消融和积累都很微弱,平均月消融量为2.4 mm,平均月积累量为9.4 mm。暖季作为主要的消融和积累季节,其降水量占全年降水量的80%以上。降水量主要发生在7—8月,而冰川最大积累却发生在6月。这是因为夏季降水以降雨的形式的降落到冰川表面,而新雪的减少会降低冰川表面的反照率,从而导致更大的冰川消融(Fujit et al.,2000;Fujita,2008),这与七一冰川的实地观测吻合。受气温的控制,7—8月成为一年中冰川消融最剧烈的时期,其平均月消融量达226.4 mm,受消融控制,7月和8月呈现一年当中的最大负平衡。此外,由于5月的冰川消融量少且积累量适中,因此月平衡的最大值出现在5月。三个支流域物质平衡的季节变化趋势与整个北大河流域类似。因此,北大河流域的冰川属于夏季补给型,物质平衡的季节变化受夏季气温(6月、7月和8月)和暖季(5—9月)降水的控制。

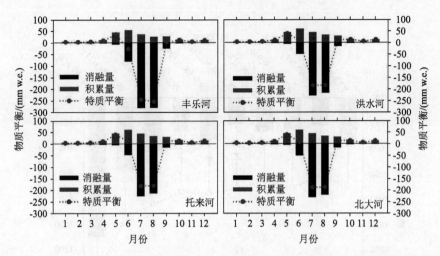

图 5-2 1957—2013 年北大河流域及其三个支流域冰川消融、积累和物质平衡的季节变化

5.1.2 冰川物质平衡和 ELA 的空间变化

为了调查北大河流域冰川物质平衡和 ELA 的空间变化,冰川分布被分为 11 个纬度区间(间隔 0.1°)和 10 个经度区间(间隔 0.2°,图 5-3)。物质平衡和 ELA 随纬度的变化未呈现单一连续趋势。最大的物质平衡为 -235 mm(位于 38.7°—38.8°N 区间),而最小的物质平衡为 -458 mm(位于 38.5°—38.6°N 区间),两者相差 223 mm。相应地,最高和最低 ELA 分别为 4875 m(位于 38.5°—38.6°N 区间)和 4939 m(位于 38.7°—38.8°N 区间),两者相差 64 m。另一方面,冰川物质平衡和 ELA 随经度从西向东逐渐减小,特别是在东部的四个区间(98.5°—99.3°E)。按照线性的变化趋势,每往东 1°,物质平衡将减少 312 mm,ELA 将减少 72 m。西部六个区间的物质平衡变化不大,而 ELA 呈现缓慢降低趋势。上述六个区间的平均物质平衡为 -270 mm,平均 ELA 为 4928 m。明显大于东部四个区间的平均物质平衡(-593 mm)和平均 ELA(4854 m)。

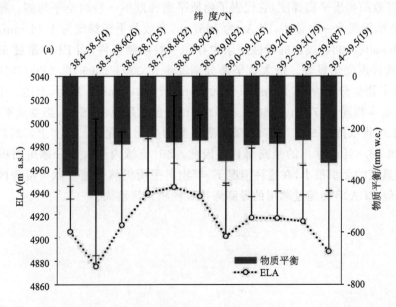

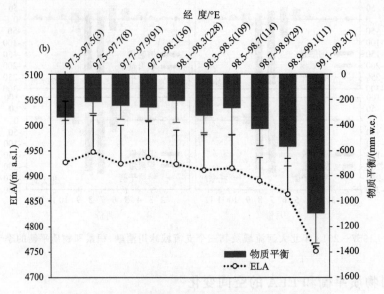

图 5-3 北大河流域冰川物质平衡和 ELA 的空间变化
（括号中的数字为每个区间的冰川条数）

5.2 物质平衡与 ELA 之间的关系

大量的统计数据表明,在同一年份,年平衡(B_t)与 ELA 之间存在很好的线性关系,Braithwaite(1984)将这种关系描述为:

$$B_t = \alpha(\text{ELA}_0 - \text{ELA}_t) \tag{5.1}$$

式中,ELA_0 是冰川稳定状态下(即物质平衡为 0)的零平衡线高度,即当 $B_t = 0$ 时,$\text{ELA}_0 =$ ELA_t。α 是有效的物质平衡梯度,它代表了物质平衡梯度的一种时空平均值。将北大河流域调查的 631 条冰川视为一个整体,ELA_0 为 4687 m,有效的平衡梯度为 1.14 mm/m。

在 Braithwaite(1984)提出的线性关系中存在一些限制条件:当 ELA 超过 5271 m 时(图 5-4),物质平衡梯度变化显著。最大负平衡分别发生在 2005/2006 年、2009/2010 年和 2012/2013 年,物质平衡值分别为−745 mm、−860 mm 和−1043 mm。然而,上述三个物质平衡年内的 ELA 却基本相同(5279 m、5260 m 和 5280 m),也就是说(图 5-4),当物质平衡小于−663 mm 时,年 ELA 将维持在 5271 m 而不随物质平衡的变化而变化。事实上,5271 m 已经超过了北大河流域 96.8%的冰川的最高海拔。因此,此时流域内绝大部分冰川面积将位于消融区,而冰川积累区的面积很小,在这种情况下,年物质平衡仍然会随着冰川覆盖区水热条件的变化而变化,但 ELA 将会超过冰川的最高海拔致使积累区消失。

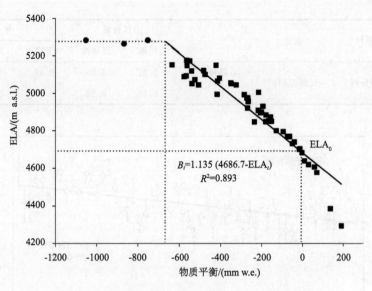

图 5-4　北大河流域冰川年平衡与 ELA 之间的关系

5.3　冰川变化的影响因素

5.3.1　气候因子的作用

为了探索研究区的气候变化趋势及其对冰川物质平衡的影响,选取托勒、野牛沟、玉门、酒泉和高台五个国家气象站的年平均气温和年降水量来进行变化趋势和突变年份分析(表 5-1,图 5-5)。进而评估研究区冰川物质平衡对气候变化的敏感性。

突变分析采用 M-K 突变检验法(Hirsch et al.,1984;魏凤英,2008)。结果表明气温突变的年份发生在 20 世纪 90 年代中期,此后气温持续上升。特别是进入 21 世纪后,增温趋势的显著性水平远远超过了 0.05 的置信区间($\alpha_{0.05}=\pm1.96$),因此 90 年代中期之后增温趋势非常明显。北大河流域山区和平原区的气候变化不同。突变年份前后山区的增温幅度达 1.1 ℃,而平原地区为 0.9 ℃。按照连续的线性趋势计算,山区年平均气温的增加幅度为 0.30 ℃/(10 a),而平原区年平均气温的增加幅度为 0.24 ℃/(10 a)。因此,山区气温增幅略大于平原地区。在北大河流域,不管是山区还是平原区,年降水量的增加趋势都不显著,山区平均每年的降水量增幅为 15.0 mm/(10 a),而平原仅为 3.6 mm/(10 a)。

表 5-1　五个气象站年平均气温和降水量的变化趋势和突变年份分析

项目		方法		山区台站		平原台站		
				托勒	野牛沟	玉门	酒泉	高台
气温/℃	突变分析	Mann-Kendall	突变年份	1992 年	1996 年	1994 年	1992 年	1997 年
	趋势分析	地统计学	突变前平均值	−2.95	−3.14	6.98	7.29	7.63
			突变后平均值	−1.80	−2.11	7.86	8.11	8.71

项目	方法		山区台站		平原台站		
			托勒	野牛沟	玉门	酒泉	高台
降水量/mm	趋势分析	一元线性回归					
		趋势	1.22	1.49	0.39	0.27	0.41
		R^2	0.15	0.14	0.06	0.02	0.04

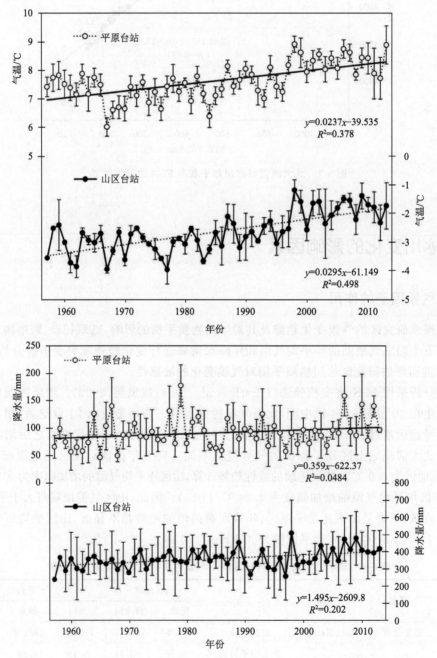

图 5-5 1957—2013 年山区和平原区气象站的年平均气温和降水量的变化趋势

物质平衡的气候敏感性是指气温和降水的瞬时变化引起的物质平衡的变化情况。结合山区气象站气温（ΔT）和降水（ΔP）的变化量，一定时段内（Δt）北大河流域的冰川物质变化（ΔM）可用下式计算：

$$\frac{\Delta M}{\Delta t} = S\left(\frac{\mathrm{d}\dot{b}}{\mathrm{d}T}\Delta T + \frac{\mathrm{d}\dot{b}}{\mathrm{d}P}\Delta P\right) \tag{5.2}$$

式中，$\mathrm{d}\dot{b}/\mathrm{d}T$ 和 $\mathrm{d}\dot{b}/\mathrm{d}P$ 分别为冰川物质平衡对气温和降水的敏感性，S 为冰川表面面积（Radić et al.，2014）。

北大河流域冰川物质平衡对气温和降水的敏感性分别为 -238.9 mm/（℃·a）和 $+1.1$ mm/（mm·a），也就是说，降水增加58.2%才能补偿气温增加 1 ℃引起的冰川物质损失量。根据山区气象站数据，气温的增长趋势为 0.30 ℃/（10 a），降水的增加趋势为 15.0 mm/（10 a）。如果气候变化趋势保持稳定，北大河流域的冰川物质平衡将在 21 世纪 20 年代达到 -463 mm，并在 21 世纪 50 年代达到 -627 mm。

5.3.2　冰川形态的作用

随着气候变暖变湿，北大河流域的冰川显著萎缩。在 20 世纪 70 年代到 2000 年，调查的631 条冰川的总面积从 281.8 km² 减少到 249.6 km²，约减少了 13.5%。其中 85.4%的冰川在这个时期萎缩，但大部分冰川（510 条冰川）面积的减少量都小于 0.2 km²。在 20 世纪 70 年代地形图上存在的 13 条冰川，总面积为 1.02 km²，这些冰川到 2000 年彻底消失了。所有消失的 13 条冰川面积都较小，其中 10 条冰川的面积小于 0.1 km²，最大的一条冰川面积也不足0.3 km²。

规模较小的山地冰川对气候变化的响应时间短于格陵兰和南极冰盖（Oerlemans et al.，1992），随着气候变暖，受小冰川控制的地区对气候的变化更敏感（Bahr et al.，1998）。因此冰川形态对冰川物质平衡和 ELA 的变化具有重要作用。图 5-6 展示了北大河流域调查的 631条冰川物质平衡/ELA 和冰川面积（20 世纪 70 年代）的关系。在北大河流域，将流域冰川按面积大小划分为 6 个区间（<0.1 km²、$0.1\sim0.5$ km²、$0.5\sim1$ km²、$1\sim2$ km²、$2\sim5$ km² 和>5 km²）。通常情况下冰川规模越小，其物质平衡越趋于更大的负平衡。然而，研究区最大负平衡为 $0.5\sim1$ km² 区间的 -286 mm。而 <0.1 km²、$0.1\sim0.5$ km² 和 $1\sim2$ km² 区间的平均物质平衡分别为 -254 mm、-279 mm 和 -260 mm。冰川面积超过 2 km² 后物质平衡有所增加，$2\sim5$ km² 和 >5 km² 区间的平均物质平衡分别为 -192 mm 和 -165 mm。

与物质平衡和冰川面积的关系不同，ELA 随冰川面积的增加而增加。按照冰川面积从大到小，每个区间的平均 ELA 分别为 4903 m、4914 m、4920 m、4936 m、4953 m 和 4966 m。由于最大 ELA 与最小 ELA 之间仅差 63 m，因此冰川面积大小不同引起的 ELA 变化幅度很小。

5.3.3　地形的作用

5.3.3.1　物质平衡/ELA 与海拔

图 5-7 展示了北大河流域每条冰川物质平衡/ELA 与该冰川平均海拔的关系。冰川物质平衡随海拔升高而增加。使用线性回归、对数回归分析和二次多项式模型均能较好地模拟物质平衡和海拔之间的关系，其决定系数（R^2）分别为 0.97、0.98 和 1.00。研究区的气温直减率约为 0.7 ℃/（100 m），最大降水量发生在海拔 4500～4700 m（王宁练 等，2009）。气温随海拔

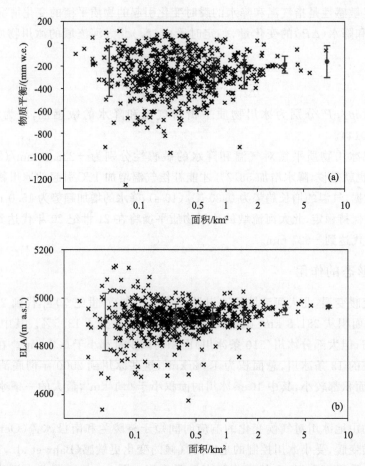

图 5-6 北大河流域调查的 631 条冰川物质平衡/ELA 与冰川面积(20 世纪 70 年代)的关系
冰川物质平衡或 ELA 及其标准差的平均值划分为 6 个面积区间
(<0.1 km²、0.1~0.5 km²、0.5~1 km²、1~2 km²、2~5 km² 和>5 km²)

升高逐渐降低,导致冰川消融逐渐减弱;受降雪的控制,冰川积累随海拔升高先增加后减少。因此,二次多项式模型更合理,物质平衡(B)与每条冰川平均海拔(H)之间的关系可被描述为:

$$B = -0.00075H^2 + 8.25H - 22475.3 \tag{5.3}$$

相应地,ELA 随海拔升高呈先升高后降低的趋势,最高的平均 ELA(4937 m)发生在冰川平均海拔 4700~4800 m。在回归分析方法中,只有二次多项式模型能较好地模拟 ELA 与海拔之间的关系,其决定系数(R^2)为 0.94。ELA 与每条冰川平均海拔之间的关系可以用下式描述:

$$\text{ELA} = -0.00033H^2 + 3.22H - 2937.4 \tag{5.4}$$

5.3.3.2 物质平衡/ELA 与坡度

根据调查的 631 条冰川的平均坡度,物质平衡/ELA 被划分为 7 个区间(坡度间隔为 5°,图 5-8)。从图 5-8 中可以看出,大部分冰川的坡度介于 20°~35°,这个坡度区间的冰川约占流域冰川总数量的 90.6%。只有一条冰川的坡度介于 10°~15°区间。考虑到随机误差的影响,

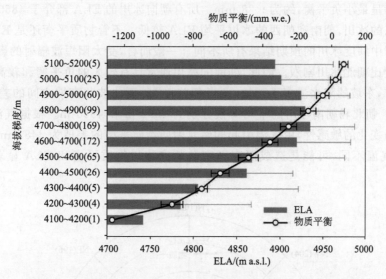

图 5-7　根据每条冰川的平均海拔划分的物质平衡/ELA 分布情况

10°～15°区间的物质平衡和 ELA 数据不参与分析。其他 6 个区间的物质平衡和 ELA 彼此相近。物质平衡最大值与最小值仅相差 64 mm，ELA 仅相差 55 m。因此，坡度不是影响北大河流域冰川物质平衡和 ELA 的主要因子。

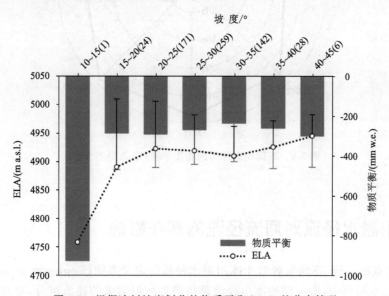

图 5-8　根据冰川坡度划分的物质平衡/ELA 的分布情况

5.3.3.3　物质平衡/ELA 与坡向

图 5-9 描述了不同朝向的冰川物质平衡/ELA 的分布情况，北大河流域的冰川主要朝向为北方（北、东北和西北）。共有 501 条冰川朝向上述三个方向，占流域冰川总数量的 79.4%。相反，朝南的冰川数量很少，共有 57 条，仅占总冰川数量的 9.0%。各朝向冰川的平均物质平衡都为负值，但不同朝向的平均物质平衡相比差别明显。最大负平衡出现在朝北（北、西北和东北）的冰川中，平均物质平衡分别为－412 mm、－315 mm 和－277 mm。相反，朝南的冰川

平均物质平衡呈最小负平衡,约为−28 mm。所有朝向冰川的 ELA 都介于 4860~4940 m,相比朝北和朝东的冰川,朝南和朝西的冰川平均 ELA 较低。不管物质平衡还是 ELA,本研究的结果与北半球中纬度冰川的预期结果有所不同。一般而言,受太阳短波辐射的影响,朝南的冰川其消融强度比朝北冰川剧烈。因此,朝南的冰川通常具有较大的负平衡和较高的 ELA。在黑河流域上游,东坡的降水量多于西坡,两者相差 10%,而北坡和南坡之间的差距不明显(王超 等,2013)。朝北和朝南冰川的平均海拔分别为 4692 m 和 4960 m。根据气温直减率和物质平衡对气温变化的敏感性,由气温引起的南北朝向物质平衡的差值为 448 mm,不同朝向冰川近表面的气温不同,可能是造成研究区南北朝向冰川物质平衡和 ELA 显著差异的主要原因。

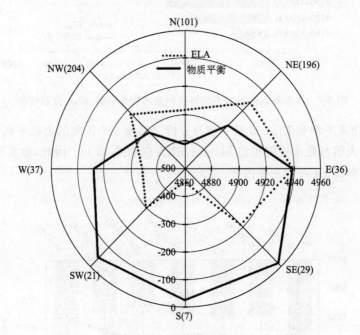

图 5-9　不同朝向冰川的物质平衡/ELA 分布情况

5.4　冰川融水径流对河流径流的潜在影响

由于关注点的不同,不同学者对于冰川融水径流的定义不同(Cogley et al. ,2010;Radić et al. ,2014)。在本研究中,所关注的冰川径流是指来自冰川融水的径流组分,即来自冰川冰、雪和粒雪,而排除掉降水或其他的流入冰川系统的水。Cogley 等 (2010)将这些组分称为冰川融水径流。

根据 Cogley(2010)的定义,冰川融水径流是指冰川上冰雪消融的非再冻结的径流部分,其计算公式为:

$$Q_g = M_{ice,firn,snow} - R \tag{5.5}$$

式中,Q_g(m^3)为冰川融水径流量;$M_{ice,firn,snow}$(m^3)分别为冰、粒雪和雪的融水量;R(m^3)为再冻结量。

本节涉及的 1957—2013 年北大河流域冰川融水径流量的模拟采用基于度日的分布式模型(冰雪消融量和再冻结量的计算公式详见 4.3.1.1)。模型采用七一冰川实测的气象-物质平衡数据进行标定,而模型驱动为气象站日尺度数据。而河流径流量的计算采用北大河三大支流出山口处冰沟、新地和丰乐水文站的月尺度的径流资料。

1957—2013 年北大河流域的年均河流径流量为 9.74×10^8 m^3,冰川融水径流量为 1.51×10^8 m^3,虽然冰川面积仅占流域总面积的 3% 左右,但冰川融水对河流径流的贡献率达到 15.2%(表 5-2)。三个子流域的冰川融水对地表径流的贡献率不同。面积最小的丰乐河流域冰川融水的贡献率与整个北大河流域相似。洪水坝河和托来河流域的年均融水径流基本相同,但对于河流的补给作用却有所不同。在洪水坝河流域,超过 1/4 的地表径流来自冰川融水,而在托来河流域仅为 1/10,托来河流域的河流径流主要来自降水和地下水补给。从季节分布来看(图 5-10),北大河及其子流域的冰川融水径流和地表径流都集中于夏季,特别是在 7 月和 8 月,季节变化呈单峰型。这是由于夏季是主要的消融季节,且夏季降水约占全年降水的 2/3。在冷季(10 月—次年 4 月),冰川融水少,地表径流分布均匀,其月平均径流量为 3.8×10^7 m^3。北大河流域的冷季月份 92.3% 的地表径流来自托来河流域,主要通过基流(泉水形式)补给(Zhao et al.,2011)。其他的两个子流域冷季地表径流虽少,但补给源主要是冰川融水,某些月份的贡献率甚至超过 80%。因此,在丰乐河和洪水坝河流域,降水和冰川是地表径流的补给水源,但在托来河流域,除冰川和降水外,地下水也是主要的水源组分。

表 5-2　1957—2013 年北大河流域的平均河流径流、冰川融水径流和贡献率以及对应的冰川和流域面积信息

	子流域			北大河流域
	丰乐河	洪水坝河	托来河	
流域面积/km^2	565	1578	6706	8847
20 世纪 70 年代冰川面积/km^2	24.51	125.61	131.69	281.81
2000 年冰川面积/km^2	23.05	117.38	109.15	249.58
20 世纪 70 年代冰川面积占流域比例/%	4.34	7.96	1.96	3.19
2000 年冰川面积占流域比例/%	4.08	7.44	1.63	2.82
冰川融水径流/10^8 m^3	0.16	0.67	0.68	1.51
河流径流/10^8 m^3	0.98	2.51	6.25	9.74
冰川融水贡献率/%	16.2	26.3	10.6	15.2

图 5-11 描述了 1957—2013 年北大河流域河流径流、冰川融水径流及其贡献率。通过 M-K 突变检验法进行变化趋势和突变分析,结果表明河流年径流量呈波动减少趋势,平均每年减少 1.1×10^6 m^3。冰川融水径流突变的年份发生在 2000 年,2000 年前后冰川融水径流的变化趋势从微弱减少转为迅速增加。突变年份前后年均冰川融水径流量从 1.35×10^8 m^3 增加到 1.97×10^8 m^3,且对河流径流的贡献率从 13.9% 增加到 20.4%。因此,随着气候变暖,冰川融水对河流径流补给的作用明显增强。尽管 2000 年前后河流径流仅仅微弱减少了 3×10^6 m^3,但不同季节的河流径流组分变化巨大(图 5-12)。11 月—次年 5 月,河流径流主要是通过基流(泉水形式)补给(Zhao et al.,2011),但平均月补给量却减少了 5.6×10^6 m^3(14.7%),说明地

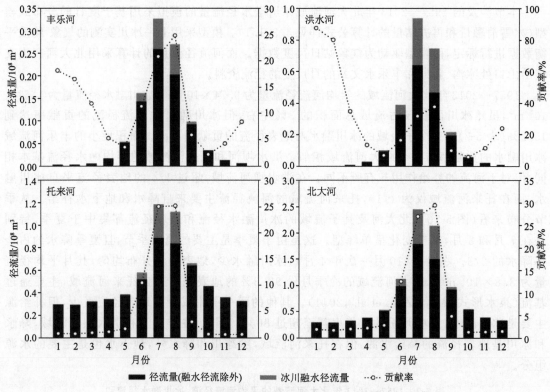

图 5-10　1957—2013 年北大河及子流域多年平均河水径流量、
冰川融水径流量和贡献率的月变化

下水补给河流径流的重要性逐渐减弱。6—10 月,河流径流共增加了 3.6×10^7 m³,这主要是
由夏季冰川融水径流的增加引起,增加量约为 5.9×10^7 m³。

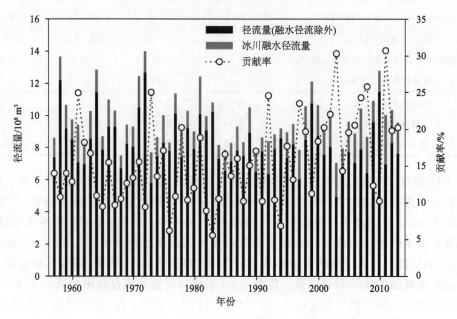

图 5-11　1957—2013 年北大河流域河流径流量、冰川融水径流量及其贡献率

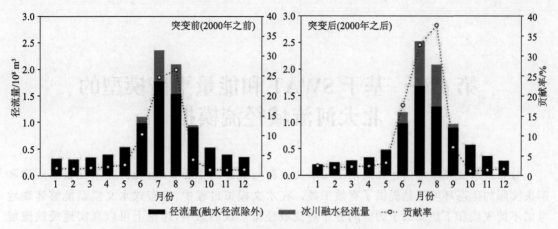

图 5-12　2000 年前后北大河流域多年平均河流径流、冰川融水径流及其贡献率的对比

第6章 基于 SWAT 和能量平衡模型的
北大河流域径流模拟

分布式水文模型是描述和揭示流域水文过程与规律的重要方法,为研究水文自然规律和解决实际的生态环境问题提供了有效工具。在水文模拟过程中,分布式水文模型能够客观地考虑不同气候和下垫面因子的空间分布对流域径流形成的影响,理论上可以真实地反映流域径流形成的物理过程。当前,分布式水文模型的开发与应用已成为现代水文模拟技术研究的热点问题与前沿课题。

早在 20 世纪 60 年代,分布式水文物理模型的基本概念和框架已被提出。之后随着计算机技术的发展,尤其是现阶段 3S 技术的迅速发展,使得水文模型更趋向于与数字高程模型(DEM)相结合,并与地理信息系统(GIS)与遥感(RS)集成。当前国外比较知名的分布式水文模型有 IHDM(Institute of Hydrology Distributed Model)、VIC(Variable Infiltration Capacity)、SHE(System Hydrologic European)和 SWAT(Soil and Water Assessment Tool)(Wang et al.,2021)。国内的分布式水文模型的研究起步较晚,比较著名的模型有新安江模型和时变增益水文模型(DTVGM)。

在北大河流域,山地冰川和冻土广泛分布,冰川融水是河流径流的重要组成部分。然而,大多数分布式水文模型的开发处于低海拔地区,在流域水文过程模拟中往往不考虑冰川这种特殊下垫面的补给作用。在广泛应用的分布式水文模型中,SWAT 模型开发了融雪模块,使其可以更好地应用于高海拔山区(Fontaine et al.,2002)。黑河上游流域日径流过程的模拟表明,SWAT 模型在结构上考虑了融雪和冻土对水文循环的影响,较适用于我国西北寒区(王中根 等,2003)。SWAT 模型中常用的融雪模块,一般采用最简单的度日模型,模型中只有气温或正积温一个变量,无法反映出冰川消融的时空差异性。针对研究区冰川广布的特殊下垫面性质,在 SWAT 水文模型的框架基础上,耦合了冰川能量-物质平衡方案,以期对北大河流域的水文过程进行精确模拟。

6.1 SWAT 模型简介与改进

6.1.1 SWAT 模型简介

SWAT 模型由美国农业部(USDA)农业研发中心(ARS)于 1994 年开发,一般采用日尺度数据连续计算,可进行不同时间步长(年、月或日)的径流模拟,是一种基于 GIS 具有物理机制的分布式流域水文模型。模型能够利用遥感和地理信息系统提供的空间信息,模拟多种不同的水文物理化学过程。经历多个版本的改进发展至今,模型本身已经相当成熟。SWAT 模型功能十分强大,能够用来模拟和分析河流径流、水土流失、非点源污染和农业管理等问题,其中,径流模拟是 SWAT 模型最基本和最重要的功能,也是 SWAT 模型研究的焦点。

基于 SWAT 模型的流域水文过程模拟分为水循环的陆面部分(产流和坡面汇流)和水循环的水面部分(河道汇流),具体包括地表径流、蒸散、土壤水下渗、地下径流侧流和浅层地下径流。SWAT 模型中采用的水量平衡方程为:

$$SW_t = SW_0 + \sum_{i=1}^{t} (R_{day} - Q_{surf} - E_a - W_{seep} - Q_{gw}) \tag{6.1}$$

式中,t(单位:d)是模拟的时间步长;SW_t(单位:mm)是土壤的最终含水量;SW_0(单位:mm)是初始土壤含水量;R_{day}(单位:mm)是降水量;Q_{surf}(单位:mm)是地表径流;E_a(单位:mm)是蒸发量;W_{seep}(单位:mm)是存在于土壤剖面层的渗透量和侧流量;Q_{gw}(单位:mm)是地下水含量。

SWAT 模型径流模拟的基本流程为:首先将研究流域划分成若干个子流域,流域的离散化通常是基于 DEM,流域离散可以减小气候因子和下垫面要素的时空差异性对模拟精度的影响;然后根据子流域不同的植被覆盖和土壤类型,每个子流域进一步划分成若干水文响应单元(HRUs);最后在每个水文响应单元上单独计算径流量,汇总得到流域总径流量。

6.1.2　SWAT 模型改进

根据 SWAT 模型的基本原理,在非冰川区形成的河道径流由地表径流、壤中流和地下径流组成。而如果流域内有冰川分布,则冰川融水也是河道径流的一个组成部分。因此,耦合 SWAT 水文模型和冰川能量平衡模型进行的基本思路是:以下垫面进行区分,在冰川区冰川融水径流(Q_g)采用能量平衡模型估算,在非冰川区地表径流(Q_{surf})、壤中流(Q_{lat})和地下径流(Q_{gw})由 SWAT 模型估算。最终形成的河流径流(Q)的计算公式为:

$$Q = \sum_{i=1}^{t} (Q_{surf} + Q_{lat} + Q_{gw} + Q_g) \tag{6.2}$$

(1)地表径流

SWAT 模型提供的地表径流量计算方法有 SCS 径流曲线法和 Green-Ampt 下渗法两种。考虑到模型输入的降水数据为日尺度,本研究采用以日为时间单位进行径流演算的 SCS 径流曲线法。该方法的基本假设为:存在土壤最大蓄水容量 S;实际蓄水量 F 与最大蓄水量 S 之间的比值等于径流量 Q_{surf} 与降雨量 P 和初损 I_a 差值的比值;I_a 和 S 存在线性关系。SCS 径流曲线法中降水与径流的关系可由下式表达:

$$\frac{F}{S} = \frac{Q_{surf}}{P - I_a} \tag{6.3}$$

式中,P(单位:mm)为一次性降雨总量;Q_{surf}(单位:mm)为地表径流;I_a(单位:mm)为初损,即产生地表径流前的降雨损失量;F(单位:mm)为后损,即产生地表径流后的降雨损失量;S(单位:mm)为流域当时的可能最大滞留量,S 的值是后损 F 的上限,即 $S = F_{max}$。其中,I_a 和 S 的线性关系为:

$$I_a = \alpha S \tag{6.4}$$

式中,α 为经验参数,在 SCS 模型中一般取 0.2。

根据水量平衡原理:

$$F = P - I_a - Q_{surf} \tag{6.5}$$

其中,

$$Q_{surf} = (P - I_a)^2 / (P - I_a + S) \tag{6.6}$$

$$S = 25400 / CN - 254 \tag{6.7}$$

式中,CN 的值无量纲,可根据不同的土壤类型、土地利用和植被覆盖的组合通过查表获得。即 CN 值将前期土壤湿度、坡度、土地利用方式和土壤类型状况等因素综合在一起,是反映降雨前期流域特征的一个综合参数。

(2)壤中流

SWAT 模型壤中流的计算采用动力贮水方法,相对饱和区厚度 H_0 的计算公式为:

$$H_0 = \frac{2 \times SW_{ly,excess}}{1000 \times \phi_d \cdot L_{hill}} \tag{6.8}$$

式中,$SW_{ly,excess}$(单位:mm)为土壤饱和区内可流出的水量;ϕ_d 为土壤可出流的孔隙率;L_{hill}(单位:m)为山坡坡长。其中,ϕ_d 可由土壤层总孔隙度 ϕ_{soil} 与土壤层含水量为田间持水量时的孔隙度 ϕ_{fc} 之差获得:

$$\phi_d = \phi_{soil} - \phi_{fc} \tag{6.9}$$

山坡出口断面的净水量为:

$$\phi_{lat} = 24 \times H_0 \cdot v_{lat} \tag{6.10}$$

式中,v_{lat}(单位:mm/h)为出口断面处的流速,v_{lat} 可由土壤饱和导水率 K_{sat}(单位:mm/h)与坡度 slp 的乘积获得:

$$v_{lat} = K_{sat} \cdot slp \tag{6.11}$$

综上所述,SWAT 模型中壤中流最终计算公式为:

$$Q_{lat} = 0.024 \times \frac{2 \times SW_{ly,excess} \cdot K_{sat} \cdot slp}{(\phi_{soil} - \phi_{fc}) \cdot L_{hill}} \tag{6.12}$$

(3)地下径流

SWAT 模型中采用的流域地下水计算方法为:

$$Q_{gw,i} = Q_{gw,i-1} \cdot \exp(-\alpha_{gw} \cdot \Delta t) + w_{rchrg} \cdot [1 - \exp(-\alpha_{gw} \cdot \Delta t)] \tag{6.13}$$

式中,Q_{gw}(单位:mm)为进入河道的地下水补给量;Δt(单位:d)为时间步长;w_{rchrg}(单位:mm)为蓄水层的补给流量;α_{gw} 为基流的退水系数。其中补给流量 w_{rchrg} 由下式计算:

$$w_{rchrg} = [1 - \exp(-1/\delta_{gw})] \cdot W_{seep} + \exp(-1/\delta_{gw}) \cdot W_{rchrg,i-1} \tag{6.14}$$

式中,δ_{gw}(单位:d)为补给滞后时间;W_{seep}(单位:mm/d)为通过土壤剖面底部进入地下含水层的水分通量;W_{rchrg}(单位:mm)为蓄水层补给量。

(4)冰川融水径流

根据本研究构建的冰川能量平衡模型,冰川融水径流计算公式为:

$$Q_g = \frac{Q_M}{L_m} - c_{en} \tag{6.15}$$

式中,Q_g(单位:mm)为冰川融水径流量;Q_M 是冰川表面的融化能量(单位:W/m²);L_m 为冰的融化潜热(3.34×10^5 J/kg),c_{en} 是附加冰和雪层内的再冻结量(单位:mm)。其中,Q_M 和 c_{en} 的计算过程详见 4.3.1.2。

6.1.3　模型的适用性评价

利用 SWAT 模型进行径流模拟时,通常的处理方法是将实测径流数据分为两个阶段,第一阶段的数据用于模型校准;第二阶段的数据用于模型验证(Nash et al.,1970)。模型校准首先采用模型自带的 SWAT-CUP 自动校准,然后通过模型参数校准、改变初始条件和边界条件等过程,使模型模拟的径流结果接近于测量值;在此基础上,将校准后的参数反代入模型进行模拟,利用第二阶段数据验证模拟的准确性。在本研究中,SWAT 的校准和验证使用相对误差(Re)、相关系数(R^2)和 Nash-Suttcliffe 系数(E_{ns})三个指标进行。其中,相对误差(Re)和相关系数(R^2)的取值范围都是[0,1],相对误差越接近于 0,相关系数越接近于 1,说明模拟效果越好。Nash-Suttcliffe 系数(E_{ns})是 SWAT 模型模拟精度评价的一个常用指标,其计算公式为:

$$E_{ns} = 1 - \frac{\sum_{i=1}^{n}(Q_{obs} - Q_{sim})^2}{\sum_{i=1}^{n}(Q_{obs} - \overline{Q_{obs}})^2} \qquad (6.16)$$

式中,Q_{obs}(单位:m^3/s)是实测的径流量;Q_{sim}(单位:m^3/s)是模拟的径流量;$\overline{Q_{obs}}$(单位:m^3/s)是实测径流量的平均值;n 为实测值的个数。E_{ns} 越接近于 1,说明模拟结果越精确。在模型适用性评价过程中,若三个评价指标同时满足如下标准(Santhi et al.,2001):$|Re| \leqslant 15\%$、$R^2 > 0.6$ 且 $E_{ns} > 0.5$,则说明模拟与实测的径流量整体一致,SWAT 模型径流模拟的精度满足要求,即 SWAT 模型在研究流域具有很好的适用性。

6.2　SWAT 模型的构建

基于 SWAT 模型的流域水文过程模拟首先要构建流域相关的空间数据库。模型需要的输入数据包括气象、土地利用、土壤类型和地形(DEM)数据。其中气象数据包括日尺度的降水、气温(最高、最低和平均气温)、辐射、平均风速和相对湿度。本研究使用的气象数据来源于北大河流域内部及周边气象站的实测数据(气象站日尺度入射太阳辐射数据来源:http://dam.itpcas.as.cn/rs/? q=data),数据空间插值过程中充分考虑了气象因子的海拔效应,根据实测数据在不同的海拔高度带和不同月份采用了不同的气温直减率和降水梯度,从而使获得的气象要素空间数据精度更高。此外,模型所需的空间数据要求投影和坐标系统必须相同,根据现有的数据基础,空间数据在 ArcGIS 软件中进行了投影和坐标系统转化。模型中统一采用 UTM 投影和 WGS84 椭球体建立坐标系统。下面将土地利用和土壤属性数据库的构建以及基于地形(DEM)的流域空间离散化过程进行简要的说明。

6.2.1　土地利用数据库的构建

土地利用栅格数据共有 1990 年、1995 年、2000 年、2005 年和 2010 年五期。研究时段内土地利用/覆被变化不大,最主要的变化来自于冰川面积的减小。因此模型输入数据是基于 2000 年的土地利用数据,仅对不同时期的冰川覆盖范围进行了区分。土地利用数据库构建的步骤是：首先将预处理后的土地利用栅格数据输入 SWAT 模型，然后在模型中进行重新分类，并将原代码转换为模型需要的代码（表 6-1）。

表 6-1 北大河流域土地利用分类转化表

一级类型	二级类型	SWAT 代码	面积/km²	百分比/%
耕地	旱地、水田	AGRL	0.00	0.00
林地	有林地、疏林地、灌木林地	FRSD	164.01	1.85
草地	高、中、低覆盖草地	PAST	4888.20	55.25
水域	湖泊、河渠、水库、坑塘	WATR	146.25	1.65
居民用地	城镇用地	URLD	1.05	0.01
未利用地	其他未用土地（除冰川）	BARR	3328.96ᵃ	37.63
			3371.86ᵇ	38.11
冰川雪地	冰川雪地	GLAC	318.20ᵃ	3.60
			275.30ᵇ	3.11

注：a，b 分别代表 1957—1985 年和 1986—2015 年两个不同时期。

表 6-2 1990—2010 年北大河流域土地利用面积变化的转移矩阵 单位：km²

1990 年	2010 年						
	林地	草地	水域	建设用地	未利用地	合计	净变化量
林地	95.12	47.37	0.81	0	19.92	163.22	−0.81
草地	53.60	4374.28	41.32	0.33	415.99	4885.52	0.59
水域	0.52	40.66	88.37		18.23	147.78	1.55
建设用地	0	0.38	0	0.42	0.25	1.05	0
未利用地	14.79	422.24	15.73	0.30	3190.91	3643.97	−1.33
合计	164.03	4884.93	146.23	1.05	3645.3	8841.54	—

基于研究区 2000 年的土地利用，北大河流域总面积 8847 km²，其三个子流域丰乐河、洪水坝河和托来河的流域面积分别是 565 km²、1578 km² 和 6706 km²。根据流域内原有的土地利用分类系统和研究区的实际，将流域内的土地利用类型重分类为耕地、林地、草地、水域、居民用地、冰川和除冰川外的其他未利用土地共七类。如表 6-2 所示，流域最主要的土地类型为草地和未利用地，二者之和超过总面积的 96%。其中，草地面积最大，为 4888 km²，占流域总面积的比例为 55.3%；其次为未利用地，面积为 3647 km²，占流域总面积的比例为 41.2%。冰川作为特殊的下垫面，虽然仅占流域总面积的 3%～4%，但对河流径流的补给作用在不断加强，近期的补给比重已超过 20%。

流域径流量的变化普遍认为是人类活动和气候变化共同作用的结果。人类活动对河流径流的影响主要体现在：①为供给生活及工农业用水对地表水和地下水资源的直接开采；②改变水资源时空分布的跨流域调水及灌区引水等直接取用水活动；③由于工农业生产、基础设施以及生态环境建设改变流域的下垫面条件，造成流域产汇流变化，进而改变河流径流量。其中前两项主要受国家政策和水利工程建设影响，而第三项则与土地利用变化密切相关。从北大河流域 1990—2010 年土地利用面积变化的转移矩阵（表 6-2）中可以看出，20 年间土地利用和覆被变化极小,净变化量最大的水域面积也仅有 1.6 km²,而且水域变化主要受天然河道变化的影响,几乎没有人为的水利工程建设。另一方面,在北大河流域,与人类活动密切相关的居民及建设用地面积极小,仅有 1.1 km²;而且在流域内甚至没有耕地分布。流域内主要的生产方式为草原牧业而并非农业,居民多为牧民。因此,流域内人类活动对河流径流的影响极小,气候变化是引起河流径流变化的主要原因。

6.2.2　土壤属性数据库的构建

土壤数据是 SWAT 模型运行的必要输入数据,根据基础数据 1∶100 万土壤类型图,将北大河流域的土壤类型输入 SWAT 模型,并在模型中重新分类,将原代码转换为模型需要的代码(表 6-3)。

基于 SWAT 模型模拟的实际需要和研究区的实际情况,在原有分类系统的基础上,将北大河流域的土壤类型重新划分为风沙土、石质土、冷钙土、寒冻土、寒钙土、栗钙土、灰褐土、草毡土、黑毡土和沼泽土共十类。与流域内最主要的土地利用类型相对应,流域最主要的土壤类型为三种高山土(冷钙土、寒冻土和寒钙土)和两种半水成土(草毡土和黑毡土)。其中,高山土面积最大,为 5074 km²,占流域总面积的比例 58.8%;其次为半水成土,面积为 2505 km²,占流域总面积的比例 29.1%。从不同子流域来看,托来河流域的土壤类型共有风沙土、石质土、冷钙土、寒冻土、寒钙土、栗钙土、草毡土、黑毡土和沼泽土九类。其中,面积最大的是冷钙土,为 2270 km²,占托来河流域总面积的 34.8%;其次为寒钙土和草毡土,占托来河流域总面积的比例分别为 26.1% 和 16.8%。洪水坝河流域的土壤类型共有石质土、寒冻土、栗钙土、草毡土和黑毡土五类。其中,面积最大的是草毡土,为 523 km²,占洪水坝河流域总面积的 33.1%;其次为寒冻土和黑毡土,分别占洪水坝河流域总面积的 26.3% 和 21.5%。丰乐河流域的土壤类型共有灰褐土、寒冻土、栗钙土、草毡土和黑毡土五类。其中,面积最大的是草毡土,为 241 km²,占丰乐河流域总面积的 45.6%;其次为黑毡土和寒冻土,分别占丰乐河流域总面积的 27.5% 和 19.0%。

表 6-3　北大河流域土壤类型代码转换表

土纲	土类	SWAT 模型代码	面积/km²	比例/%
初育土	风沙土	FST	37.40	0.4
	石质土	SZT	427.24	5.0
高山土	冷钙土	LGT	2270.30	26.3
	寒冻土	HDT	1104.21	12.8
	寒钙土	HGT	1699.81	19.7
半淋溶土	栗钙土	LGT	236.75	2.7
	灰褐土	HHT	30.11	0.3
半水成土	草毡土	CZT	1862.27	21.6
	黑毡土	HZT	643.06	7.5
水成土	沼泽土	ZZT	319.48	3.7

6.2.3 流域的空间离散化

（1）流域河网的生成

利用覆盖北大河流域的 SRTM 90 m 分辨率 DEM 数据，结合中国河流水系矢量数据和三个子流域出口的冰沟、新地和丰乐三个水文站的地理位置，运用 ArcGIS 软件提取北大河及其子流域流域边界，同时获得流域内的坡度分布（图 6-1）。采用 SWAT 模型自带的"自动流域分隔机"，结合流域 DEM，模型自动生成更为精细的河网水系。具体的步骤为：① DEM 数据的预处理-填洼；② 水流流向分析；③汇流分析；④自动生成河网；⑤河网特征数据提取和分析。

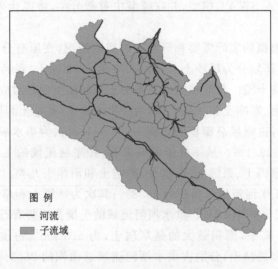

图例
—— 河流
■ 子流域

图 6-1   北大河流域 DEM、坡度和子流域分布图

（2）子流域的划分

河网生成后，河网上每小段支流范围内的汇水面积即为一个子流域。子流域的数目根据定义限制亚流域最小集水面积的阈值来确定，输入的阈值越小，划分的子流域数目越多。根据研究区的实际情况，将托来河、洪水坝河和丰乐河集水流域分别划分为 25、31 和 3 个子流域（图 6-1）。

（3）水文响应单元的确定

为提高 SWAT 模型的径流模拟精度，使从子流域进入主渠道的径流估算更准确，根据流域内不同的土壤植被组合将子流域进一步划分为不同的水文响应单元（HRU，Hydrologic Response Unit）。SWAT 模型中提供的水文响应单元划分方法主要有优势植被土壤法和多个水文响应单元法两种。其中，优势植被土壤法是根据子流域内占优势的植被和土壤类型组合，在每个子流域内只生成一个水文响应单元；而多个水文响应单元法是通过确定子流域内土地利用/覆被类型、土壤类型和坡度的面积阈值，将子流域划分为多个水文响应单元。本研究采用多个水文响应单元法，首先确定子流域内的土地利用/覆被类型、土壤类型和坡度的面积阈值。在托来河、洪水坝河和丰乐河的面积阈值分别是 2%、1% 和 10%，6%、6% 和 10%，以及 1%、5% 和 20%。然后进一步将托来河、洪水坝河和丰乐河集水流域分别划分为 251 个、154 个和 23 个水文响应单元。

6.3 北大河径流变化分析

图 6-2 显示了北大河及其支流(丰乐河、洪水坝河和托来河)1957—2013 年径流量的年际变化及突变分析状况。北大河流域多年平均径流量为 9.74×10^8 m³。M-K 趋势和突变检验的结果表明,自 1957 年以来,北大河流域的径流量呈现不显著的减少趋势,减少率为 1.1×10^7 m³/(10 a)。统计量 UF 在整个检验时段内基本都小于 0,但北大河年径流量序列未出现明显的突变点。三条支流丰乐河、洪水坝河和托来河径流量的年际变化与北大河类似,1957—2013 年间呈现极微弱的减少趋势,减少率分别是 1×10^6 m³/(10 a)、4×10^6 m³/(10 a)和 7×10^6 m³/(10 a)。三条支流的年径流量序列也未检测出突变点,整个流域内部径流的时空变化比较均一。

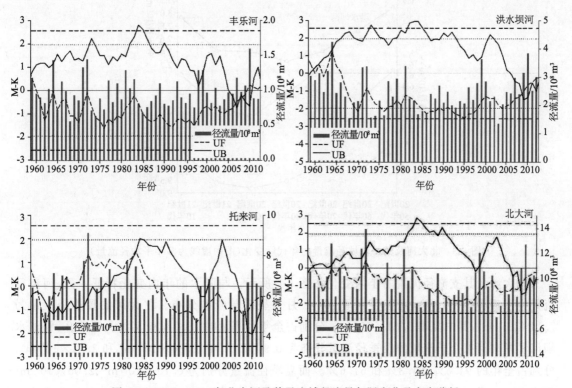

图 6-2　1957—2013 年北大河及其子流域径流量年际变化及突变分析

从年代际变化情况看(图 6-3),北大河径流量呈现先减少后增加的"V"形变化趋势。其中,20 世纪 50 年代、20 世纪 70 年代和 21 世纪 10 年代是相对丰水的年份,而 20 世纪 80 年代、20 世纪 90 年代和 21 世纪初是相对枯水的年份,最小径流量出现在 20 世纪 90 年代。三条支流中只有托来河径流量的年代际变化趋势与北大河类似,而丰乐河和洪水坝河呈现了完全不同的特点。在丰乐河,除了 20 世纪 50 年代是一个丰水时段外(平均径流量 1.18×10^8 m³),20 世纪 60 年代—21 世纪 10 年代的径流量都略低于流域多年平均径流量(9.7×10^7 m³),距平百分率均不超过 2.5%,整体上径流量几乎未随时间发生变化。在洪水坝河,虽然径流量的变化趋势也是先减少后增加,但丰水与枯水时段与北大河不同。其中,20世纪50年代、20世纪60年代和21世纪10年代是相对丰水的年份,而20世纪70年代—21世纪初是相对枯水的年份,最小径流量出现在20世纪80年代。研究区受人类活动影响极小,因此北大河及其支流径流量的变化趋势主要受当地气候变化的控制。中国西北地区气候在1986/1987年经历了暖干向暖湿的转型,在1986年之前,作为河流径流最重要的补给源降水量的持续减少是造成径流减少并在20世纪90年代达到最低的主要原因,而气候变暖造成的蒸发增加进一步加剧了径流的减少。在近期尤其是进入21世纪10年代后,持续增温造成的冰川融水的急剧增加成为近期径流增加的主要因素,此外气候转型带来的降水量增加也成为径流增加的一大助力。

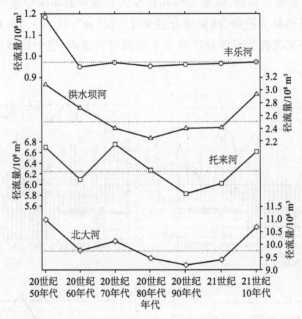

图6-3 北大河及其子流域径流量的年代际变化(图中虚线为多年平均径流量)

北大河及其支流径流量的年内变化如图6-4所示。与降水的年内变化特征一致,河流径流集中于暖季(5—9月),尤其是夏季(6—8月),呈现单峰型分布。北大河的暖季径流量为7.11×10^8 m^3,其中夏季5.64×10^8 m^3,分别占全年径流量的73.0%和57.9%。丰乐河、洪水坝河和托来河三个子流域的暖季径流量分别为0.90×10^8 m^3、2.36×10^8 m^{3}和3.84×10^8 m^3,分别占全年的91.5%、94.3%和61.6%。而夏季径流量分别为0.75×10^8 m^3、2.05×10^8 m^{3}和2.84×10^8 m^3,分别占全年的75.7%、82.0%和45.4%。

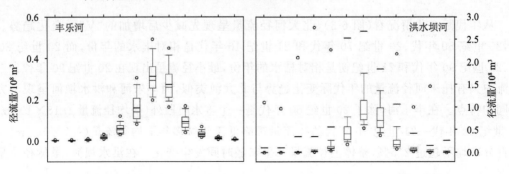

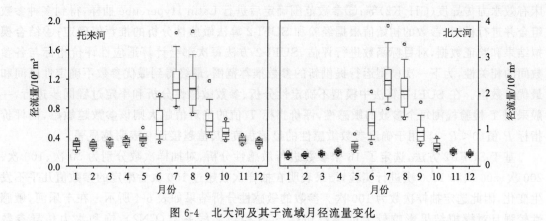

图 6-4　北大河及其子流域月径流量变化

6.4　模型校准与验证

SWAT 模型的驱动、结构和输入参数初步确定后,需进行校准和验证来评价模型在北大河流域径流模拟中的适用性。如前所述,模型校准和验证采用的水文数据为托来河、洪水坝河和丰乐河流域出口的冰沟、新地和丰乐水文站 1957—2013 年的月尺度径流数据。由于河流径流的年变化序列未出现突变点,因此人为的以 1985 年为时间节点将 1957—2013 年的逐月径流数据划分为校准期和验证期。首先,在校准期采用 SWAT-CUP 中 SUFI-2 敏感性分析方法,结合根据经验的手动调参方法进行参数率定,以获得 SWAT 模型敏感参数的最优值。然后利用参数优化的 SWAT 模型对验证期的径流变化进行模拟,最终将验证期的径流模拟结果与实测数据对比,从而对 SWAT 模型的适用性进行评价。

6.4.1　参数敏感性分析

为了最大化的消除模型模拟的不确定性,SWAT 模型校准和参数率定前需要对参数进行敏感性分析,优化敏感性参数对模型模拟效率的提升意义重大。目前,分布式水文模型常用的参数率定分析方法有遗传算法(Genetic Algorithm)、贝叶斯方法(Bayesian Method)、RSA 法(Regionalized Sensitivity Analysis)以及 SUFI-2 方法等。本研究采用 SUFI-2 方法,该方法是一种综合优化和梯度搜索方法,其优点是可同时率定多个参数,具有全局搜索功能,而且还考虑了模型驱动、结构、参数和验证数据的不确定性(Abbaspour et al.,2007;刘睿翀 等,2014)。

SUFI-2 方法的基本原理(Schoul et al.,2008;Yang et al.,2008)是首先假设一个比较大的参数补缺空间,使得验证数据包含在 95% 的置信区间内,然后逐渐缩小不确定性范围。每一次参数范围的改变,都将重新进行敏感性矩阵和协方差矩阵的计算,然后更新参数,再进行新一轮模拟,使模拟值更加接近实测值。SUFI-2 方法的具体步骤包括:①建立目标函数(SWAT 模型中一般以相关系数 R^2 和 Nash-Suttcliffe 系数作为目标函数);② 确立待分析参数的范围,SWAT 模型中常见的待调整参数主要有径流曲线系数(CN2)、土壤蒸发补偿系数(ESCO)、土壤有效含水量(SOL_AWC)、基流衰退系数(ALPHA_BF)、地下水再蒸发系数(GW_ REVAP)、地下水延迟系数(GW_DELAY)、土壤饱和水力传导度(SOL_K)和主河道河床有效水力传导度(CH_K2)等;③参数范围确定后进行 Latin Hypercube 抽样,得到多种参数组合并进行模拟,参数的初始值根据经验和 SUFI-2 算法敏感性分析的推荐值确定;④结合模拟结果和验证数据,对目标函数进行评估,SUFI-2 方法每次都会计算适应性评价指标与各参数间的相关性,为下一次模型运行提供新的参数推荐范围,最终得到最优参数不确定性区间和最优参数值。在 SUFI-2 算法中模型不确定性分析、参数敏感性分析和率定过程同步进行,一般采用 T 检验检测每个参数的敏感性,评价指标 T 值的绝对值越大则该参数越敏感,而评价指标 P 值($0<P<1$)用于确定参数敏感性的显著程度,其值越接近 0 表明越显著。

基于 SUFI-2 方法,选定了 16 个参数进行敏感性分析,对抽样次数分别为 50 次、100 次、200 次、500 次和 1000 次进行实验,结果表明在抽样次数超过 100 次后率定的参数值几乎不发生变化,因此选定抽样次数为 100 次。参数的敏感性分析结果如表 6-4 所示。在丰乐河,敏感性较强且对模拟结果影响较大的参数包括 SCS 径流曲线系数(CN2)、饱和水力传导参数(SOL_K)、土壤饱和容量(SOL_BD)、浅层地下水径流系数(GWQMN)、土壤可利用水量参数(SOL_AWC)、基流回归常数(ALPHA_BNK)和主河道曼宁系数(CH_N2);洪水坝河为 SCS 径流曲线系数(CN2)、基流回归常数(ALPHA_BNK)、饱和水力传导参数(SOL_K)、主河道曼宁系数(CH_N2)、浅层地下水再蒸发系数(REVAPMN)和基流衰退系数(ALPHA_BF);托来河为基流回归常数(ALPHA_BNK)、土壤蒸发补偿系数(ESCO)和曼宁坡面漫流 n 值(OV_N)。

表 6-4　SWAT 模型参数敏感性的分析结果

参数	物理意义	丰乐河			洪水坝河			托来河		
		T 值	P 值	排名	T 值	P 值	排名	T 值	P 值	排名
CN2	SCS 径流曲线系数	−8.35	0.00	1	−9.58	0.00	1	−0.81	0.48	6
ALPHA_BF	基流衰退系数	−0.19	0.85	16	−1.21	0.23	6	0.11	0.92	14
GW_DELAY	地下水延迟系数	0.20	0.84	15	0.68	0.50	12	1.01	0.39	4
GWQMN	浅层地下水径流系数	−1.95	0.06	4	−0.66	0.52	13	0.13	0.90	13
GW_REVAP	地下水再蒸发系数	0.60	0.55	12	0.42	0.68	15	−0.54	0.63	9
ESCO	土壤蒸发补偿系数	−0.84	0.41	10	−0.98	0.33	10	−1.58	0.21	2
CH_N2	主河道曼宁系数	1.43	0.16	7	1.43	0.16	4	−0.25	0.82	12
CH_K2	河道有效水导电率	0.65	0.52	11	0.56	0.58	14	0.71	0.53	7
ALPHA_BNK	基流回归常数	−1.49	0.15	6	−2.12	0.05	2	−2.41	0.10	1
SOL_AWC()	土壤可利用水量参数	1.70	0.10	5	1.06	0.30	7	−0.60	0.59	8
SOL_K()	饱和水力传导参数	−2.57	0.01	2	−2.07	0.05	3	0.09	0.93	15
SOL_BD()	土壤饱和容量	−2.55	0.02	3	−1.06	0.30	8	0.08	0.94	16
SFTMP	降雪气温参数	1.34	0.19	8	0.99	0.33	9	0.45	0.68	10
REVAPMN	浅层地下水再蒸发系数	1.01	0.32	9	1.33	0.19	5	−0.91	0.43	5
HRU_SLP	平均坡度	−0.37	0.72	14	−0.32	0.75	16	0.26	0.81	11
OV_N	曼宁坡面漫流 n 值	0.49	0.63	13	0.69	0.49	11	−1.02	0.38	3

6.4.2　模拟结果评价

经过敏感性分析和参数率定后,将校准期和验证期的模拟结果分别与实测的径流数据进行对比,并对模型模拟效率进行了评价。图 6-5 展示了丰乐河、洪水坝河和托来河的月径流量模拟值与实测值的对比结果,其中校准期为 1957 年 1 月—1985 年 12 月,而验证期为 1986 年 1 月—2013 年 12 月。从图中可以看出,整体上模拟的月径流量与实测径流量吻合,模拟效果较好。尤其是冷季径流量较低的月份,无论是校准期还是验证期,模拟值与实测值都非常一致。在暖季模拟效率略差于冷季,模拟值的偏差主要出现在极端暴雨事件导致径流出现极值的月份。从具体的评价标准看,在校准期,北大河的月径流量模拟值与实测值的相对误差、相关系数和 Nash-Suttcliffe 系数分别为 0.72%、0.95 和 0.94。其三个子流域丰乐河、洪水坝河和托来河的月径流量模拟值与实测值的相对误差分别为 1.66%、1.25% 和 0.37%;相关系数为 0.79、0.86 和 0.98;而 Nash-Suttcliffe 系数为 0.78、0.85 和 0.98。在验证期,北大河的月径流量模拟值与实测值的相对误差,相关系数和 Nash-Suttcliffe 系数分别为 2.56%、0.95 和 0.95。其三个子流域丰乐河、洪水坝河和托来河的月径流量模拟值与实测值的相对误差分别为 3.01%、9.35% 和 0.57%;相关系数为 0.82、0.85 和 0.98;而 Nash-Suttcliffe 系数为 0.80、0.83 和 0.98。校准期与验证期径流模拟值与实测值的相对误差 Re<15%、相关系数 R^2>0.6 且 Nash-Suttcliffe 系数 E_{ns}>0.5,模拟精度满足要求,表明 SWAT 模型月径流模拟适用于北大河流域,具有较好的模拟效果。

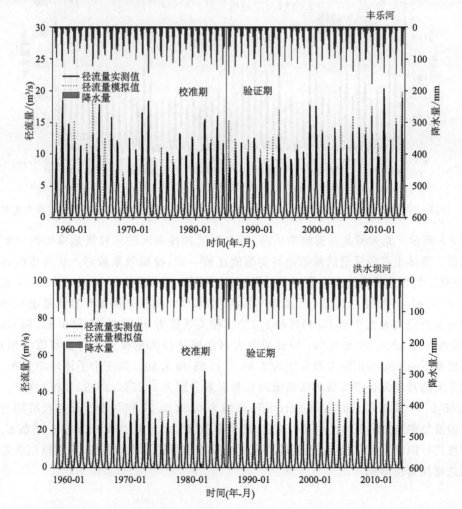

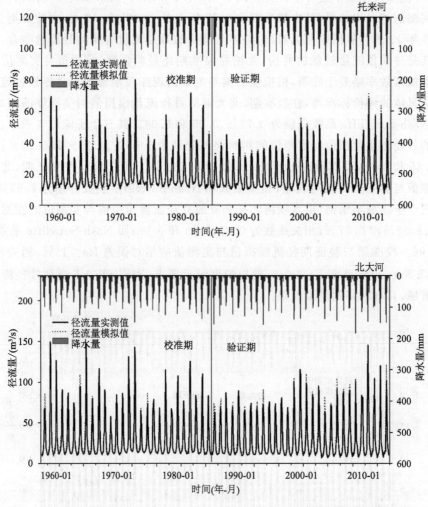

图 6-5　1957—2013 年北大河及其支流丰乐河、洪水坝河和托来河的月径流量模拟值与实测值的对比结果

　　图 6-6 展示了北大河及其支流丰乐河、洪水坝河和托来河的年径流量模拟值与实测值的对比结果。整体上年径流量的模拟值与实测值比较一致,模拟效果较好。从具体的评价标准看,校准期北大河月径流量模拟值与实测值的相对误差、相关系数和 Nash-Suttcliffe 系数分别为 2.05%、0.81 和 0.68。其三个子流域丰乐河、洪水坝河和托来河的年径流量模拟值与实测值的相对误差分别为 2.91%、3.40% 和 1.23%;相关系数为 0.69、0.84 和 0.85;而 Nash-Suttcliffe 系数为 0.57、0.69 和 0.72。验证期北大河流域月径流量模拟值与实测值的相对误差、相关系数和 Nash-Suttcliffe 系数分别为 6.88%、0.68 和 0.56。其三个子流域丰乐河、洪水坝河和托来河的月径流量模拟值与实测值的相对误差分别为 6.25%、12.22% 和 3.42%;相关系数为 0.65、0.56 和 0.81;而 Nash-Suttcliffe 系数为 0.54、0.57 和 0.64。虽然校准期与验证期径流模拟值与实测值的相对误差 Re<15%、相关系数 R^2>0.6 且 Nash-Suttcliffe 系数 E_{ns}>0.5,模拟精度仍可以满足要求,但年径流量的模拟精度差于月径流量的模拟,说明模拟误差随着时间尺度的增加有所累积。

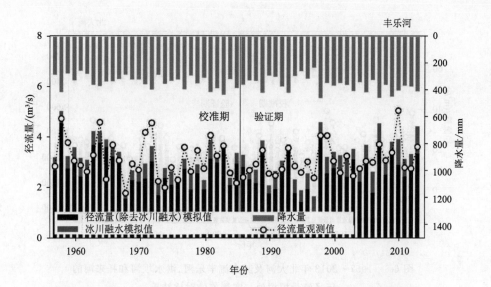

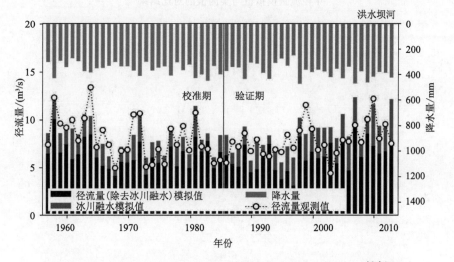

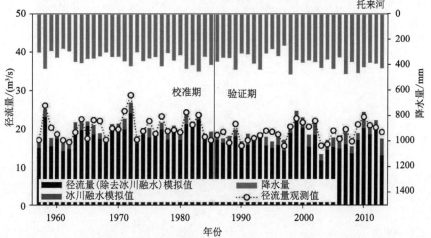

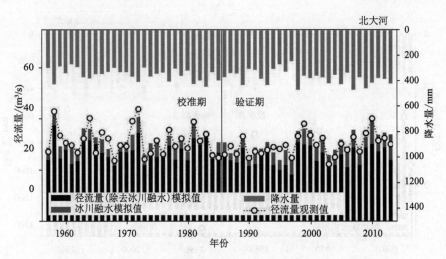

图 6-6　1957—2013 年北大河及其支流丰乐河、洪水坝河和托来河的
年径流量模拟值与实测值的对比结果

第 7 章　未来气候情景下研究区冰川和
径流变化的模拟

随着气候的持续变暖,北大河流域的冰川普遍退缩且强烈消融,物质亏损严重,冰川融水径流量普遍增加。作为重要的淡水资源及河流径流组分,冰川的未来变化对区域水循环具有显著影响,同时关系着当地环境和工农业的可持续发展。因此,搞清未来北大河流域气候、冰川和径流变化以及三者之间的内在联系成为一个重要的研究课题。

鉴于此,本章的研究内容包括:①利用评估结果最优的四个模式的集合平均数据,分析研究区未来气温和降水变化的趋势;②选取 IPSL-CM5A-LR 模式数据驱动冰川能量平衡模型,在低(RCP2.6)、中(RCP4.5)和高(RCP8.5)三种不同排放路径下,模拟和预测未来 2016—2050 年七一冰川末端、冰川面积、表面物质平衡和 ELA 的变化,并与历史时期的冰川状况进行对比;③采用与②相同的驱动数据和方法,模拟未来 35 年北大河流域冰川物质平衡、ELA 和融水径流的变化状况;④利用优化的分布式冰川能量平衡和 SWAT 模型,模拟未来 35 年北大河的径流变化,并分析未来冰川融水径流变化对河流径流的潜在影响。

7.1　气候未来变化预估

基于 CMIP5 中 CSIRO-Mk3.6.0、IPSL-CM5A-LR、HadGEM2-ES 和 MRI-CGCM3 四个气候模式输出气象数据的集合平均值,对低(RCP2.6)、中(RCP4.5)和高(RCP8.5)三种排放路径下 2016—2050 年七一冰川区气温与降水变化趋势进行诊断。并在此基础上,分析三种排放路径下未来(2016—2050 年)气温和降水相比于基准时段(1970—2015 年)的变化趋势。

7.1.1　气温的未来变化

历史时期(1970—2015 年)和未来(2016—2050 年)三种不同排放路径下七一冰川区的年平均气温的变化趋势如图 7-1 所示。2016—2029 年,低、中和高三种排放路径下七一冰川区多年平均气温分别是 −0.84 ℃、−0.92 ℃ 和 −0.85 ℃,年均气温增长率分别为 0.37 ℃/(10 a)、0.49 ℃/(10 a)和 0.40 ℃/(10 a),三种排放路径下气温的年际变化趋势基本一致。2030—2050 年,三种排放路径下气温的年际变化趋势差异显著:在高排放路径(RCP8.5)下,年均温呈持续稳定快速增长趋势,增长率升高至 0.64 ℃/(10 a);在中排放路径(RCP4.5)下,年均温增长率明显低于高排放路径,但比 2016—2029 年仍有所提高,达到 0.47 ℃/(10 a);在低排放路径(RCP2.6)下,21 世纪 30 年代之后增温趋势明显减缓,年均气温增长率降低至 0.14 ℃/(10 a)。

从不同年代际的平均气温及其变化趋势(表 7-1)看,气温上升的特点更为显著。在低、中和高三种排放路径下,虽然在 21 世纪 20 年代平均气温升高至 −0.67～−0.51 ℃,但不同排

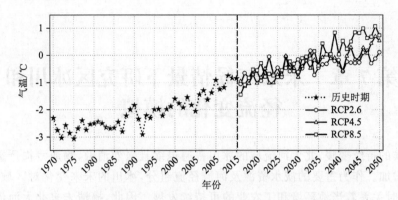

图 7-1   历史时期(1970—2015)和未来(2016—2050)三种不同排放
路径下七一冰川区平均气温的年际变化

放路径下的平均气温仍相差很小。21 世纪 30 年代之后,不同排放路径的气温增幅出现显著
差异,高排放路径气温增长最快,中排放路径次之,低排放路径升温最慢。高排放路径下的气
温增长率高达 0.94 ℃/(10 a),21 世纪 20—40 年代平均气温上升了 1.2 ℃;中排放路径下的
气温增长率是 0.63 ℃/(10 a),21 世纪 20—40 年代平均气温上升了 0.7 ℃;低排放路径下的
气温增长率只有 0.04 ℃/(10 a),气温已经开始趋于稳定状态,21 世纪 20—40 年代平均气温
仅上升了 0.3 ℃。对于选取的整个未来时段(2016—2050 年),随着排放浓度的升高,七一冰
川区多年平均气温和气温增长率也逐渐升高,平均气温由 −0.55 ℃升高至 −0.29 ℃,而气温
增长率由 0.29 ℃/(10 a)升高至 0.52 ℃/(10 a)。

表 7-1   七一冰川区不同年代际的平均气温及其变化趋势

项目		21 世纪 20 年代	21 世纪 30 年代	21 世纪 40 年代	2016—2050 年
平均气温/℃	RCP2.6	−0.51	−0.28	−0.20	−0.55
	RCP4.5	−0.67	−0.26	0.05	−0.52
	RCP8.5	−0.57	0.02	0.63	−0.29
变化趋势/(℃/(10 a))	RCP2.6	0.35	0.04	0.34	0.29
	RCP4.5	0.67	0.63	1.03	0.39
	RCP8.5	0.13	0.94	0.83	0.52

表 7-2 显示了研究区不同年代际的平均气温相比于基准时段(1970—2015 年)的变化量和
变化率。从表 7-2 中可以看出,在低、中和高三种排放路径下,七一冰川区的气温都有显著上
升,增温幅度至少超过 1.3 ℃,变化率至少超过 57%(RCP8.5,21 世纪 10 年代)。到 21 世纪
40 年代,高排放路径下的增温幅度已经接近 3 ℃,变化率也超过了 126%。对于选取的整个未
来时段(2016—2050 年),在低、中和高三种排放路径下,七一冰川区的平均气温增幅分别达到
1.79 ℃、1.81 ℃和 2.05 ℃,而对应的变化率分别为 76.4%、77.5%和 87.5%。从年内变化
(图 7-2)来看,三种不同排放路径下,气温变化并未表现出了一定的季节变化特征。高排放路
径下月均温增幅处于 1.91～2.30 ℃,其中最小增幅出现在 4 月,而最大增幅出现在 11 月。各
季节的气温增幅较大且均匀,变化范围处于 2.08～2.14°C,整体上季节差异不明显。中排放

路径下的月均温增幅处于 1.64～2.21 ℃,其中最小增幅出现在 9 月,而最大增幅出现在 11 月。气温增幅的季节差异同样不显著,增幅介于 1.83～1.91 ℃。低排放路径下的月均温增幅处于 1.70～2.10 ℃,其中最小增幅出现在 7 月,而最大增幅出现在 1 月。气温增幅在夏季最小而冬季最大,变化范围为 1.78～1.95 ℃,整体上冬季增暖强于夏季。

表 7-2　七一冰川区不同年代际的平均气温相比于基准时段的变化量和变化率

项目		21 世纪 20 年代	21 世纪 30 年代	21 世纪 40 年代	2016—2050 年
	RCP2.6	1.82	2.06	2.13	1.79
变化量/℃	RCP4.5	1.66	2.07	2.39	1.81
	RCP8.5	1.77	2.36	2.97	2.05
	RCP2.6	77.99	88.06	91.34	76.42
变化率/%	RCP4.5	71.22	88.73	102.22	77.54
	RCP8.5	75.77	100.94	126.98	87.54

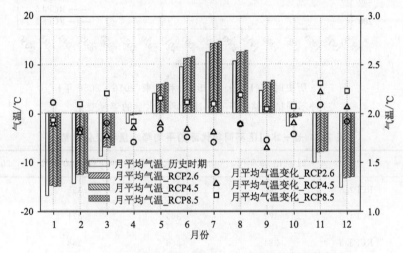

图 7-2　三种不同排放路径下七一冰川月平均气温的年内
变化及其相比于基准时段变化量

7.1.2　降水的未来变化

历史时期(1970—2015 年)和未来(2016—2050 年)三种不同排放路径下七一冰川区年降水量变化趋势如图 7-3 和表 7-3 所示。2016—2050 年,七一冰川区年降水量的变化趋势并不明显,而且在不同时期和不同排放路径下也没有表现出显著差异性。总体而言,降水量在中(RCP4.5)和低(RCP2.6)排放路径下呈现极微弱的增加趋势,增长率分别为 1.0 mm/(10 a)和 4.3 mm/(10 a)。而在高(RCP8.5)排放路径下,降水量呈现极微弱的减少趋势,减少率为 -0.6 mm/(10 a)。在三种不同排放路径下,2016—2050 年的多年平均降水量基本一致,变化范围为 372～379 mm/a。从年代际的平均降水量来看(表 7-3),不同年代际和排放路径下的降水量未表现出显著差异性,最大值与最小值之差不超过 30 mm。尤其是在中(RCP4.5)排放路径下,不同年代际的平均降水量差距不超过 3 mm。说明未来(2016—2050 年)降水变化并不显著,仍保持了 21 世纪初的状态。从变化趋势来看,降水量在中(RCP4.5)和低(RCP2.6)排放路径下变化趋势相似,在 21 世纪 20—30 年代呈现出增加趋势,到 21 世纪 40 年代呈现极微弱减少趋势。21 世纪 20 年代和 21 世纪 30 年代的增长率介于 29～34 mm/(10 a),而 21 世纪 40 年代的减少率介于−8～−6 mm/(10 a)。在高(RCP8.5)排放路径下,在 21 世纪 20 年代降水微弱增加,到 21 世纪 30 年代迅速减少,而 21 世纪 40 年代又急剧增加,说明 21 世纪 30 年代末期和 21 世纪 40 年代初期是一个降水量明显偏少的时段,但在中(RCP4.5)和低(RCP2.6)排放路径下,这一时段的降水量是偏多的。

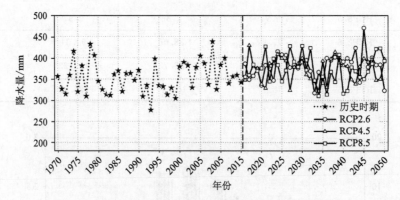

图 7-3　历史时期(1970—2015 年)和未来(2016—2050 年)
三种不同排放路径下七一冰川区降水量的年际变化

表 7-3　七一冰川区不同年代际的平均降水量和变化趋势

项目		21 世纪 20 年代	21 世纪 30 年代	21 世纪 40 年代	2016—2050 年
平均降水量/ mm	RCP2.6	380	377	395	379
	RCP4.5	372	369	371	372
	RCP8.5	384	366	368	373
变化趋势/ (mm/(10 a))	RCP2.6	33.65	30.88	−7.85	4.31
	RCP4.5	29.20	32.27	−6.42	1.00
	RCP8.5	4.50	−43.51	102.36	−0.62

　　表 7-4 显示了研究区不同年代际的平均降水量相比于基准时段(1970—2015 年)的变化量和变化率。从表 7-4 中可以看出,在低、中和高三种排放路径下,虽然降水量有所增加,但增湿的幅度却远远不及增温幅度。总体而言,降水增幅很小且非常平均。除了低排放路径下 21 世纪 40 年代的增湿幅度达到 45 mm(增长率 12.9%)以外,三种排放路径下各年代际的降水增幅都介于 16～33 mm,而变化率介于 5%～10%。对于选取的整个未来时段(2016—2050 年),在低、中、高三种排放路径下,七一冰川区不同年代际的平均降水增幅分别为 29 mm、21 mm 和 23 mm,而对应的变化率分别为 8.3%、6.1% 和 6.5%。

表 7-4　七一冰川区不同年代际的平均降水量相比于基准时段的变化量和变化率

项目		21 世纪 20 年代	21 世纪 30 年代	21 世纪 40 年代	2016—2050 年
变化量/mm	RCP2.6	29.6	26.6	45.2	28.9
	RCP4.5	22.1	19.2	20.3	21.3
	RCP8.5	33.4	16.1	17.9	22.6
变化率/%	RCP2.6	8.45	7.60	12.90	8.26
	RCP4.5	6.32	5.47	5.80	6.07
	RCP8.5	9.54	4.59	5.12	6.45

　　从年内变化(图 7-4)来看,相比于基准时段,三种不同排放路径下的月降水变化率呈现非常一致的季节特征。降水量增加主要发生在春季,增幅的范围为 11.1～15.8 mm,约占全年降水量增加的一半。冬季降水增幅不大(2.4～3.8 mm),但由于冬季降水稀少,降水的增长率与春季均为全年最高,两个季节的降水增长率介于 11%～18%。夏季降水约占全年总降水量的一半,但其增量有限,只有 7～8 mm,增长率也仅有 4%～5%,这主要是受 8 月降水量减少的影响。秋季的降水增幅为全年最低,只有 1～2 mm,增长率低至 2%～3%,甚至在中等排放路径下,秋季降水微弱减少了 1.6 mm(2.4%)。

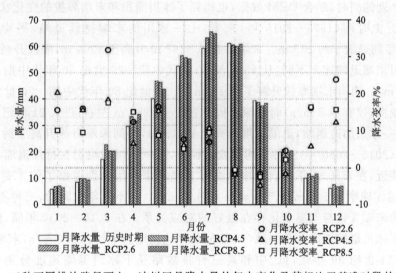

图 7-4　三种不同排放路径下七一冰川区月降水量的年内变化及其相比于基准时段的变化率

7.2　七一冰川未来变化预估

7.2.1　冰川末端和面积的未来变化

　　冰川冰储量一般采用探地雷达进行野外观测,实际冰储量与冰下地形关系密切。受观测条件限制,冰川厚度和冰下地形观测难以广泛开展。研究发现,冰川冰储量与冰川面积之间存在很好的指数关系,Radić 等(2008)和 Marzeion 等(2012)将这种关系描述为:

$$V = c_a(A)^\gamma \tag{7.1}$$

式中,V 为冰川冰储量(km³);A 为冰川面积(km²);c_a 和 γ 是经验参数。这些参数被 Chen 等 (1990)首次提出后,已被广泛应用于世界各地的冰川研究当中(Radić et al.,2008;Radić et al.,2010;Radić et al.,2014;刘时银 等,2015)。

冰川的实际冰储量很难获取,但在一定时间(t)内的储量变化(ΔV),可以由同时期内冰川平均面积和累积物质平衡的乘积得到,其计算公式为:

$$\Delta V(t) = \bar{A}(t) \cdot B(t) \tag{7.2}$$

式中,$\Delta V(t)$ 为特定时段 t 内的冰川冰储量变化(单位:km³);$\bar{A}(t)$ 为该时段内的冰川平均面积(单位:km²);$B(t)$ 是该时段内的冰川累积物质平衡。

在研究区的覆盖范围内选取 1973—2015 年(时间间隔基本按照每 5 年一景)共 10 景遥感影像提取了不同年份七一冰川的边界信息。利用 IPSL-CM5A-LR 数据驱动能量平衡模型重建的日尺度七一冰川历史时期的物质平衡数据,计算获取了相应时段的累积物质平衡。根据冰储量与冰川面积公式,经验参数 c_a 和 γ 的值分别是 2.433 和 0.401(计算采用最小二乘法,得到均方根误差最小的最优解)。为了消除未来预测的不确定性,在模型中考虑了七一冰川的未来变化状况,将冰储量变化的计算公式加入能量平衡模型进行迭代计算,在获得冰川物质平衡未来变化序列的同时,结合 DEM 数据,也得到了冰川面积和末端海拔的变化状况。

从整个历史时期(1975—2015 年)来看,七一冰川的末端持续退缩,平均退缩速率为 5.9 m/a,40 年间退缩了约 235 m。末端海拔从 3267 m 升高至 4304 m,海拔升高了 37 m。不同时段内冰川末端退缩速率不同:从 20 世纪 70 年代中期—20 世纪 80 年代中期,退缩速率较快,达到 6.9 m/a,期间末端海拔升高了约 12 m;从 20 世纪 80 年代中期—20 世纪末,七一冰川退缩速率减慢,仅有 1.8 m/a,而末端海拔一直处于 4280 m 左右;进入 21 世纪后,受气候变暖的影响,七一冰川加速退缩,退缩速度升高至 9.1 m/a,期间末端海拔升高了约 22 m。通过预测,在未来(2016—2050 年)三种不同排放路径下,七一冰川末端仍在持续退缩,且退缩速度与历史时段接近,在未来 35 年间,低、中和高排放路径下冰川分别退缩了约 175 m、190 m 和 220 m,平均退缩速率为 5.0 m/a、5.4 m/a 和 6.3 m/a。从不同年代际看,三种不同排放路径下七一冰川的末端变化与气温变化存在极好的对应关系。在 2016—2030 年间,低、中和高三种排放路径下冰川退缩速度几乎一致,15 年间的平均退缩速率约为 5.0 m/a,末端海拔升高了约 26 m。在 21 世纪 30 年代,低、中和高三种排放路径下冰川退缩速度分别是 4.1 m/a、4.5 m/a 和 5.3 m/a,而到 21 世纪 40 年代,冰川退缩速度明显提升,分别达到了 5.9 m/a、7.0 m/a 和 9.2 m/a,到 2050 年,七一冰川末端海拔已达到 4352 m、4354 m 和 4357 m。

历史时期(1975—2015 年)和未来(2016—2050 年)三种不同排放路径下七一冰川的面积变化及其相对于基准年份(1975 年)的变化率如图 7-5 所示。无论是历史还是未来时段,冰川面积随时间变化都存在极好的线性关系(一元回归的决定系数 $R^2 > 0.98$)。在 1975—2015 年,七一冰川面积减少了 1.29×10^5 m²,相比于 1975 年减少 4.5%,面积减少率为 3.1×10^3 m²/a。未来(2016—2050 年)七一冰川面积仍将持续萎缩,面积减少速率为高排放路径下最快(3.8×10^3 m²/a),中排放路径下次之(3.4×10^3 m²/a),低排放路径下最慢(3.0×10^3 m²/a)。整体上未来冰川面积将加快萎缩,即使是低排放路径下的面积减少速率也与历史时期接近。从不同年代际看,在 2016—2030 年,三种排放路径下冰川面积减少率接近,甚至在高排放路径下略低。在 2030 年之后,面积减少率按照排放路径低中高的顺序逐渐增大,到 2050 年,预计七一冰川在低、中、高三种排放路径下的面积分别是 2.63 km²、2.64 km² 和 2.65 km²,较 1975 年分别减小了 8.6％、8.1％和 7.8％。

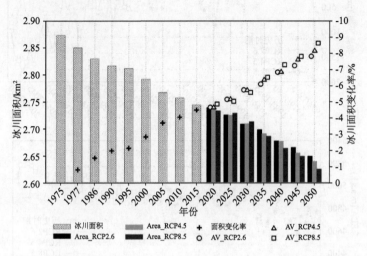

图 7-5　历史时期(1975—2015 年)和未来(2016—2050 年)三种不同排放
路径下七一冰川的面积变化及其相对于基准年份(1975 年)的变化率

7.2.2　冰川物质平衡和 ELA 的未来变化

利用 IPSL-CM5A-LR 数据驱动能量平衡模型,得到历史时期(1970—2015 年)和未来(2016—2050 年)三种不同排放路径下七一冰川的物质平衡和 ELA 序列(图 7-6)。如图 7-6a 所示,1970—2015 年,七一冰川的多年平均物质平衡为－153 mm,冰储量损失为 19.2 Mt。七一冰川物质平衡的年际变化呈减少趋势,年平衡的减少率为 10.7 mm/a。物质平衡的年际变化序列基本以 1986/1987 年为界分为两个阶段:1970—1986 年基本为正平衡,平均年平衡为＋86 mm;而 1987—2015 年基本为负平衡,平均年平衡为－299 mm。1986/1987 年被认为是中国西北地区气候从干暖向湿暖转变的转折年份(施雅风 等,2002;施雅风 等,2003),气候的显著变化对七一冰川的物质平衡影响巨大。在未来时段(2016—2050 年),低(RCP2.6)、中(RCP4.5)和高(RCP8.5)三种情景模式下七一冰川的年平衡均为负平衡,冰储量持续亏损,而且亏损速率呈逐年加快的趋势。在低、中和高三种情景模式下,年平衡的减少率分别为 8.7 mm/a、21.1 mm/a 和 36.7 mm/a。多年平均物质平衡分别减少至－521 mm、－667 mm 和－862 mm,冰储量损失量为 49.2 Mt、62.7 Mt 和 80.7 Mt。相应地(图 7-6b),1970—2015 年七一冰川的年均 ELA 为 4822 m。ELA 的年际变化序列呈上升趋势,增长率为 5.4 m/a。最高的 ELA 出现在 1995/1996 年(5208 m),而最低的 ELA 出现在 1982/1983 年(4422 m),两者相差 787 m。在未来时段(2016—2050 年),在 RCP2.6、RCP4.5 和 RCP8.5 三种情景模式下,多年平均 ELA 由 4822 m 分别上升至 4940 m、4980 m 和 5021 m,ELA 年际变化序列的增长率分别为 2.2 m/a、5.0 m/a 和 8.3 m/a。

图 7-7 显示了历史时期和未来三种不同排放路径下七一冰川多年平均物质平衡的组分变化。在模拟的历史时期(1970—2015 年)内,七一冰川表面平均物质平衡为－153 mm,其中升

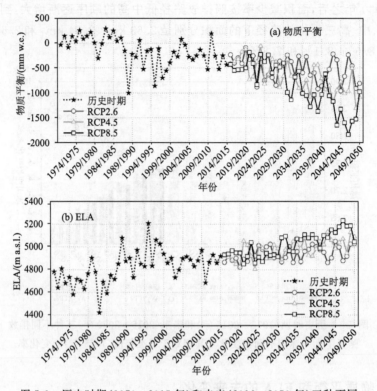

图 7-6　历史时期（1970—2015 年）和未来（2016—2050 年）三种不同
排放路径下七一冰川的物质平衡（a）和 ELA 序列（b）

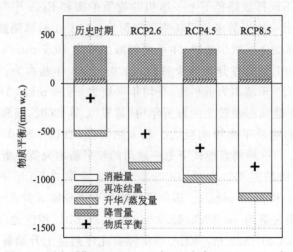

图 7-7　历史时期（1970—2015 年）和未来（2016—2050 年）
三种不同排放路径下七一冰川多年平均物质平衡的组分变化

华/蒸发为—57 mm，而消融量为—486 mm。冰川表面的积累过程包括降雪以及雪层内和冰面的再冻结，其中，七一冰川表面降雪量为 345 mm；再冻结量为 46 mm，占融化量的 9.3%。该值小于小冬克玛底冰川（大陆性冰川）的 20%（Fujita et al.，2000），而与帕隆 94 号冰川（海洋性冰川）的 9%（Yang et al.，2013）相近，说明冰川消融的渗浸再冻结量可能与冰川表面特征的关系更为紧密,而受到冰川所处气候区的影响较小。从季节变化(图 7-8)看,冷季(10月—次年 4 月)的消融量和再冻结量都极低,不足全年的 0.1%。而升华/蒸发量为 0.5 mm,即冷季发生了微弱的凝华/凝结现象。冷季降雪量为 135 mm,约占全年的 39%,说明冷季主要以降雪的形式进行物质积累过程。暖季(5—9 月)是七一冰川的主要消融季节,尤其 7—8月是全年消融最强烈的月份,占全年消融量的 84%。降雪主要发生在 4—10 月,约占全年降雪量的 80%。最大降雪量发生在 5 月、6 月和 9 月,而并非降水最大的 7 月、8 月,这主要是受夏季高温影响,7—8 月的降水多以液态降雨的形式降落于冰川表面。

在未来低(RCP2.6)、中(RCP4.5)和高(RCP8.5)三种不同排放路径下,平均物质平衡向着更大负平衡方向发展,物质亏损更为严重。冰川表面的物质平衡特征变化主要由消融增加引起。对于低、中和高三种不同排放路径,消融增量分别是 329 mm、464 mm 和 648 mm,较1970—2015 年的平均水平增加了 67.6%、95.4% 和 133.3%。对于物质平衡的其他组分,再冻结量微弱减少,减少量范围是 0.2~1.3 mm,占消融量的比重下降至 3.9%~5.6%。在低、中和高三种不同排放路径下,升华/蒸发量仅仅分别增加了 14 mm、16 mm 和 18 mm;而降雪量分别减少了 26 mm、34 mm 和 41 mm。从季节变化(图 7-8)看,冷季的物质平衡组成整体变化不大,其中消融量和再冻结量仍然极低,而升华/蒸发量和降雪量都有所增加。在低、中和高三种不同排放路径下,冷季升华/蒸发量分别增加了 7.9%、10.0% 和 15.2%,而降雪量略有增加,占全年的比例由 39% 提高至 44%~45%。总体来说,冰川物质平衡的显著减小是暖季(特别是 7—8 月)消融量激增引起的,而暖季降雪量的减少也在一定程度上加剧了冰川的物质亏损。

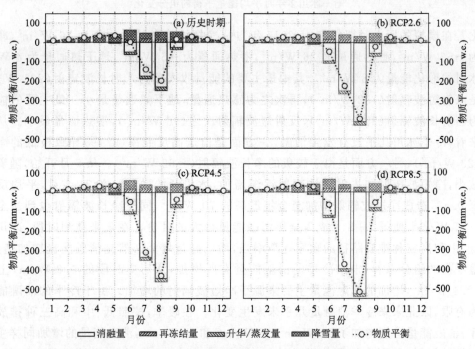

图 7-8　历史时期(1970—2015 年)和未来(2016—2050 年)三种不同排放路径下
七一冰川多年月平均物质平衡的组分变化

图 7-9 显示了历史时期和未来三种不同排放路径下七一冰川的多年平均能量平衡的组

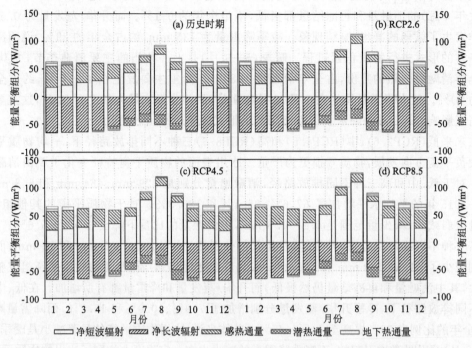

图 7-9　历史时期(1970—2015 年)和未来(2016—2050 年)三种不同排放路径下
七一冰川多年月平均能量平衡的组分变化

分变化。在模拟的历史时期(1970—2015 年)内,净短波辐射的平均值为 36 W/m²,净长波
辐射为-53 W/m²,感热通量为 26 W/m²,潜热通量为-5 W/m²,地下热通量为 4 W/m²,
因此冰川的融化能量为 8 W/m²。其中最主要的能量收入项为入射长波辐射(201 W/m²),
其次是入射短波辐射(132 W/m²),再次之为感热通量,地下热通量最小。最主要的能量支
出项为出射长波辐射(254 W/m²),反射短波辐射次之(96 W/m²),潜热通量最小。从季节
变化来看,冷季冰川几乎没有发生消融,一方面是由于高反照率(0.79)导致极低的净短波
辐射(23 W/m²);另一方面是由于较负的净长波辐射(-62 W/m²)。从 5 月开始,随着反照
率的减小,净短波辐射和入射长波辐射逐渐增加,冰川开始融化。在 7—8 月,平均反照率
减小至 0.58,造成净短波辐射增加至全年最高的 70 W/m²,同时净长波辐射也到达全年最
大的-31 W/m²,使得 7—8 月成为全年消融能量最大的月份。在未来预测时段,冰川消融
按照低、中和高三种排放路径的顺序逐渐增强,而消融量增大必然是消融能量增加造成的。
从能量平衡的组分来看,未来冷季的消融能量有所增加,从历史时段的 0.2 W/m² 上升至
0.9~3.4 W/m²,增加的消融能量主要来源于净短波辐射的增加。由于冷季的消融能量增
量极为有限,因此未来冷季消融量几乎未发生变化。在暖季,按照低、中和高三种排放路径
的顺序,消融能量分别增加了 12 W/m²、18 W/m² 和 24 W/m²,消融能量的增加同样主要来
源于净短波辐射,分别占能量总增量的 80.5%、84.0% 和 75.3%。在消融最强烈的 7 月、
8 月,消融能量的增幅更大,分别增加了 22 W/m²、32 W/m² 和 44 W/m²。消融能量的增加
主要由于净短波辐射的增加(约 61%),其次是净长波辐射的能量支出减少(约 29%)。净
短波辐射的增加主要得益于反照率的下降,暖季平均反照率下降至 0.54~0.59,而 7 月、8

月更是下降至 0.4～0.47。

7.3　北大河流域冰川未来变化预估

7.3.1　冰川物质平衡的未来变化

利用 IPSL-CM5A-LR 数据驱动能量平衡模型,得到了未来(2016—2050 年)三种不同排放路径下北大河及其子流域冰川的物质平衡序列(图 7-10)。在低(RCP2.6)、中(RCP4.5)和高(RCP8.5)三种情景模式下,北大河流域冰川的平均年平衡均为负值,冰储量持续亏损,低、中和高排放路径下的多年平均物质平衡分别为 -509 mm、-647 mm 和 -838 mm,冰储量损失为 4.9 Gt、6.2 Gt 和 8.1 Gt。冰川物质亏损的趋势按照低(RCP2.6)、中(RCP4.5)和高(RCP8.5)的顺序不断增强,物质平衡年际变化的减少率分别为 10.2 mm/a、22.2 mm/a 和 37.2 mm/a。

从不同的子流域来看(图 7-10),三种未来情景下丰乐河、洪水坝河和托来河流域的物质平衡变化趋势与北大河流域整体上基本一致,整个北大河流域的平均物质平衡与托来河流域接近,而明显高于丰乐河流域,略低于洪水坝河流域。在低(RCP2.6)、中(RCP4.5)和高(RCP8.5)三种情景模式下,托来河流域冰川的多年平均物质平衡分别 -506 mm、-642 mm 和 -837 mm,冰储量损失为 2.2 Gt、2.8 Gt 和 3.6 Gt,物质平衡年际变化的减少率分别为 10.3 mm/a、22.4 mm/a 和 37.7 mm/a。洪水坝河流域冰川的多年平均物质平衡分别为 -464 mm、-599 mm 和 -784 mm,冰储量损失为 2.1 Gt、2.7 Gt 和 3.5 Gt,物质平衡年际变化的减少率分别为 9.9 mm/a、21.4 mm/a 和 35.9 mm/a。丰乐河流域冰川的多年平均物质平衡分别为 -746 mm、-908 mm 和 -1114 mm,冰储量损失为 0.7 Gt、0.8 Gt 和 1.0 Gt,物质平衡年际变化的减少率分别为 11.8 mm/a、24.7 mm/a 和 40.8 mm/a。

从不同的年代际来看(图 7-10,表 7-5),在未来三种情景模式下冰川物质平衡均呈现出先增加(21 世纪 10 年代)后减小(21 世纪 20—40 年代)的变化趋势。在 21 世纪 10 年代末和 21 世纪 20 年代初出现极大值,而最大负平衡出现在模拟时段的最后几年,但此时物质平衡的年际变化波动性很强,并未趋于平稳,说明此时段冰川的物质亏损仍在加速进行。具体来看,物质平衡在不同的排放路径下呈现出了不同的特点:在低(RCP2.6)和中(RCP4.5)排放路径下,2010—2030 年期间呈迅速增加而后显著减小的趋势,年代际的物质平衡平均值略有减小。在高(RCP8.5)排放路径下,物质平衡在经历了 21 世纪 10 年代初期的迅速增大后至 21 世纪 10 年代中期达到峰值,而随后的 15 a(2016—2030 年)时间内保持稳定且波动很小,并在 21 世纪 20 年代出现了模拟时段内的最小负平衡,平均为 -404 mm。三种情景模式显著的区别出现在 2030 年之后,虽然物质平衡均向负平衡方向发展,但物质平衡的减小速率明显不同,高(RCP8.5)情景下速率最大(-41.3 mm/a),中(RCP4.5)情景下次之(-21.2 mm/a),而低(RCP2.5)情景下最小(-15.0 mm/a)。此外,物质平衡的减小并非持续稳定,年际间的波动性很强。

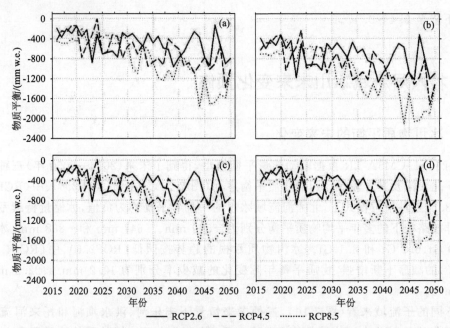

图 7-10　未来(2016—2050)三种不同排放路径下北大河(a)及其子流域丰乐河(b)、
洪水坝河(c)和托来河流域(d)冰川物质平衡的年际变化序列

表 7-5　未来(2016—2050 年)三种排放路径下北大河流域不同年代际的冰川平均物质平衡和变化趋势

项目		21 世纪 10 年代	21 世纪 20 年代	21 世纪 30 年代	21 世纪 40 年代	2016—2050 年
平均物质平衡/mm	RCP2.6	−460.0	−505.2	−499.0	−607.8	−508.9
	RCP4.5	−461.8	−465.8	−676.7	−919.1	−646.8
	RCP8.5	−537.0	−404.2	−925.8	−1288.6	−838.0
变化趋势/(mm/a)	RCP2.6	55.9	−36.8	−48.4	−5.4	−10.2
	RCP4.5	61.1	−21.3	−6.6	−24	−22.2
	RCP8.5	29.7	−1.2	−61.6	−99	−37.2

7.3.2　冰川 ELA 的未来变化

在未来(2016—2050 年)三种不同排放路径下北大河及其三个子流域冰川的 ELA 年际变化序列如图 7-11 所示。在低(RCP2.6)、中(RCP4.5)和高(RCP8.5)三种情景模式下,北大河流域冰川的平均 ELA 持续升高,多年平均 ELA 分别达到 4981 m、5030 m 和 5080 m,假定一个连续变化的线性趋势,年 ELA 的增长率分别为 2.7 m/a、6.3 m/a 和 10.1 m/a,在 2016—2050 年期间 ELA 分别升高了 93 m、221 m 和 355 m。

从不同的子流域来看(图 7-11),三种未来情景下三个子流域冰川 ELA 的年际变化趋势与北大河流域整体上保持一致,北大河流域冰川的平均 ELA 略高于托来河流域,而略低于洪水坝河流域,明显低于丰乐河流域。在低(RCP2.6)、中(RCP4.5)和高(RCP8.5)三种情景模式下,托来河流域冰川的多年平均 ELA 分别为 5000 m、5054 m 和 5109 m,ELA 年际变化的增加率分别为 3.0 m/a、6.4 m/a 和 11.1 m/a,在 2016—2050 年期间 ELA 分别升高了 105 m、222 m

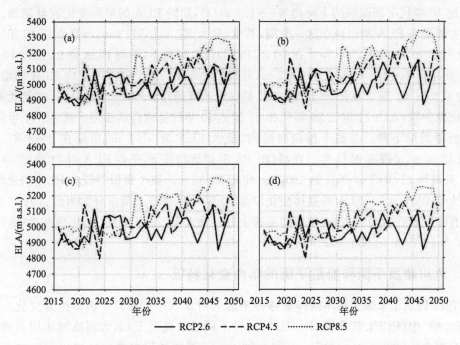

图 7-11　未来(2016—2050 年)三种不同排放路径下北大河(a)及其子流域
丰乐河(b)、洪水坝河(c)和托来河(d)冰川 ELA 的年际变化序列

和 388 m。洪水坝河流域冰川的多年平均 ELA 分别为 4989 m、5039 m 和 5091 m，ELA 年际
变化的增加率分别为 2.9 m/a、6.7 m/a 和 10.5 m/a，在 2016—2050 年期间 ELA 分别升高了
100 m、235 m 和 368 m。丰乐河流域冰川的多年平均 ELA 分别为 4966 m、5012 m 和
5058 m，ELA 年际变化的增加率分别为 2.4 m/a、5.9 m/a 和 9.5 m/a，在 2016—2050 年期间
ELA 分别升高了 83 m、207 m 和 334 m。

表 7-6　未来(2016—2050 年)三种排放路径下北大河流域不同年代际的冰川平均 ELA 和变化趋势

项目		21 世纪 10 年代	21 世纪 20 年代	21 世纪 30 年代	21 世纪 40 年代	2016—2050 年
平均 ELA/ m	RCP2.6	4940.1	4987.5	4977.8	5005.1	4981.2
	RCP4.5	4944.2	4979.4	5033.5	5111.8	5029.5
	RCP8.5	4967.7	4951.8	5115.6	5199.9	5079.5
变化趋势/ (m/a)	RCP2.6	−14.83	12.37	13.47	−1.70	2.65
	RCP4.5	−15.56	3.15	2.69	−0.35	6.32
	RCP8.5	−4.98	−0.77	16.58	9.50	10.14

从不同的年代际来看(图 7-11，表 7-6)，在未来三种情景模式下的冰川平均 ELA 整体上
呈现增加趋势[除了高(RCP8.5)情景下 21 世纪 10—20 年代 ELA 有所降低]。在低
(RCP2.6)排放路径下，平均 ELA 由 21 世纪 10 年代的 4940 m 升高至 21 世纪 40 年代的
5005 m，升高了 65 m。整个模拟时段内 ELA 的增加并不显著，只有 2.7 m/a。不同年代际的
ELA 变化波动很强，21 世纪 10—20 年代 ELA 先迅速降低而后显著升高，在 21 世纪 10 年代
末和 21 世纪 20 年代初出现极小值；21 世纪 30 年代 ELA 再次迅速升高，增长率达到 13.5 m/

a;21 世纪 40 年代出现微弱的下降趋势(—1.7 m/a),期间 ELA 的年际变化波动剧烈,模拟时段的最大和最小 ELA 均出现在这一时期,其中,最大 ELA 为 5112 m,出现在 2046 年,而最小 ELA 为 4855 m,出现在 2047 年。在中(RCP4.5)排放路径下,平均 ELA 由 21 世纪 10 年代的 4944 m 升高至 21 世纪 40 年代的 5112 m,升高了 168 m。整个模拟时段内 ELA 的增长速度中等,为 6.3 m/a。除了在 21 世纪 10 年代呈现迅速降低趋势外,21 世纪 20—40 年代 ELA 的变化均比较平缓,其中 21 世纪 20 年代和 21 世纪 30 年代呈现持续缓慢升高,而 21 世纪 40 年代呈现极微弱的下降。在整个模拟时段内,最大 ELA 为 5192 m,出现在 2043 年,而最小 ELA 为 4804 m,出现在 2024 年。在高(RCP8.5)排放路径下,平均 ELA 由 21 世纪 10 年代的 4968 m 升高至 21 世纪 40 年代的 5200 m,升高了 232 m。整个模拟时段内 ELA 快速增长,增长速度达到 10.1 m/a。ELA 的整体变化以 2030 年为时间节点明显分为两段:2015—2030 年期间略有降低而在 2030—2050 年期间迅速上升。最大 ELA 为 5289 m,出现在 2046 年,而最小 ELA 为 4872 m,出现在 2021 年。

7.3.3　冰川物质平衡和能量平衡的年内变化特征

图 7-12 展示了未来三种不同排放路径下北大河流域冰川物质平衡的组分变化。在未来低(RCP2.6)、中(RCP4.5)和高(RCP8.5)三种不同排放路径下,北大河流域冰川表面平均物质平衡分别为—509 mm、—647 mm 和—838 mm,消融过程主要包括冰川表面的蒸散和融化,其中升华/蒸发量为—69 mm、—71 mm 和—72 mm;而融化量为—801 mm、—930 mm 和—1112 mm;积累过程包括冰川表面的降雪以及雪层内和冰面的再冻结,其中再冻结量为 42 mm、43 mm 和 42 mm,分别占融化量的 5.2%、4.6% 和 3.7%;降雪量为 319 mm、311 mm 和 304 mm。与七一冰川一致,北大河流域冰川物质平衡组分中最主要的过程是降雪和融化。在未来低、中和高三种不同排放路径下,冰川表面的蒸散、降雪以及雪层内和冰面的再冻结量均变化不大,只有表面消融量显著增加,从而造成了物质平衡向着更大负平衡方向发展。

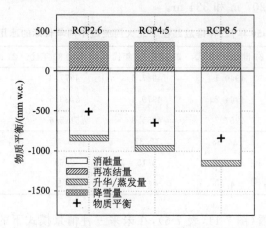

图 7-12　未来(2016—2050 年)三种不同排放路径下北大河流域
冰川多年平均物质平衡的组分变化

从季节变化(图 7-13)看,冷季主要以降雪的形式进行物质积累过程,在低(RCP2.6)、中(RCP4.5)和高(RCP8.5)三种未来情景下,降雪量分别为 142 mm、139 mm 和 137 mm,约占全年总降雪的 44.3%、44.7% 和 45.1%。暖季消融量分别是—658 mm、—773 mm 和—910 mm,

占全年总消融量的 82.0%、83.1% 和 81.9%。受夏季高温的影响,降雪的年内分布呈现双峰型,最大降雪量出现在 5 月、6 月和 9 月。随着消融量激增,而全年的雪层内和冰面再冻结的变化量不大,造成再冻结比例逐渐降低。渗浸再冻结过程主要发生在 6—8 月,渗浸再冻结量占全年的 96.3%、95.7% 和 93.7%。冰川物质平衡的显著减小主要是由暖季消融量激增引起,而其他的物质平衡组分变化不大。

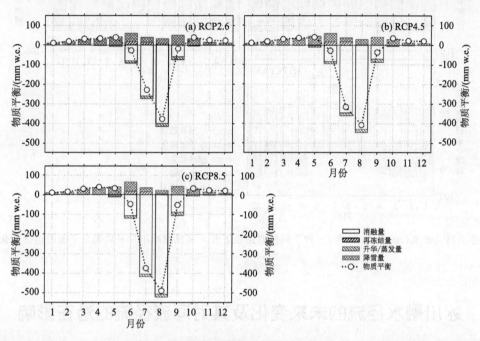

图 7-13　未来(2016—2050 年)三种不同排放路径下北大河流域冰川月平均物质平衡的组分变化

图 7-14 展示了未来三种不同排放路径下北大河流域冰川的多年月平均能量平衡的组分变化。在整个模拟时段内,低(RCP2.6)、中(RCP4.5)和高(RCP8.5)三种未来情景下净短波辐射的平均值分别为 41 W/m² 、44 W/m² 和 47 W/m²,净长波辐射为 -51 W/m²、-51 W/m² 和 -50 W/m²,感热通量为 25 W/m²、25 W/m² 和 24 W/m²,潜热通量均为 -6 W/m²,地下热通量为 5 W/m²、5 W/m² 和 4 W/m²,因此冰川的融化能量为 14 W/m²、16 W/m² 和 19 W/m²。其中最主要的能量收入项为入射长波辐射,其次是入射短波辐射和感热通量;最主要的能量支出项为出射长波辐射,其次为反射短波辐射和潜热通量。从季节变化来看,低(RCP2.6)、中(RCP4.5)和高(RCP8.5)三种未来情景下冷季冰川几乎没有发生消融,其原因一方面是高反照率(0.77、0.75 和 0.72)导致的极低的净短波辐射(24 W/m²、27 W/m² 和 30 W/m²),另一方面是净长波辐射造成的能量损失很大(-62 W/m²、-62 W/m² 和 -63 W/m²)。进入暖季,冰川消融能量的逐渐增加,并在 7 月、8 月达到最大。其原因是最主要的消融能量来源净短波辐射显著增加(79.9 W/m²、83.7 W/m² 和 86.8 W/m²),这得益于反照率的下降,暖季平均反照率下降至 0.54～0.58,而 7 月、8 月更是下降至 0.4～0.47。此外,净长波辐射的能量支出减少(-35 W/m²、-34 W/m² 和 -32 W/m²)也是造成上述结果的一个重要原因。整体上看,北大河流域冰川的物质平衡和能量平衡年内变化过程与七一冰川基本一致,说明七一冰川具有极好的区域代表性。

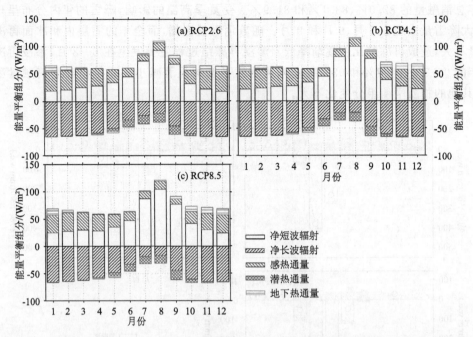

图 7-14　未来(2016—2050 年)三种不同排放路径下北大河流域冰川月平均能量平衡的组分变化

7.4　冰川融水径流的未来变化及其对河流径流的潜在影响

7.4.1　冰川融水径流的年际变化及其对河流径流的影响

未来低(RCP2.6)、中(RCP4.5)和高(RCP8.5)三种不同排放路径下北大河流域的河流径流和冰川融水径流的年际变化序列如图 7-15 所示。

在低(RCP2.6)排放路径下,北大河径流的年际变化呈现微弱减少趋势,平均每年减少 0.08 m³/s。在三条支流的变化表现出不同的特点:丰乐河径流保持稳定,在 3.1 m³/s 上下波动,未表现出明显的增加或减少趋势;洪水坝河径流的年际变化呈现极微弱的增加趋势,平均每年增加 0.01 m³/s;托来河径流呈现微弱的减少趋势,平均每年减少 0.09 m³/s,北大河径流的年际变化主要受托来河的影响。受气候变暖的影响,北大河径流组分中的冰川融水部分呈增加趋势,平均每年增加 0.08 m³/s,然而增加的冰川融水却不足以弥补径流其他组分减少造成的总径流的减少,基于上述原因,冰川融水补给贡献率的年际变化呈现上升趋势,增长率为 0.31 %/a。

在中(RCP4.5)排放路径下,北大河径流的年际变化呈现增加趋势,平均每年增加 0.20 m³/s。其三条支流的径流变化比较一致,均呈现增加趋势,其中托来河增长最快,洪水坝河次之,丰乐河最慢。平均每年增加量分别是 0.12 m³/s、0.07 m³/s 和 0.01 m³/s。北大河径流的增加主要来源于冰川融水径流,该部分径流的增加量为平均每年 0.18 m³/s,而径流其他组分的年际变化基本维持稳定,增长量仅为平均每年 0.02 m³/s。造成冰川融水补给贡献率

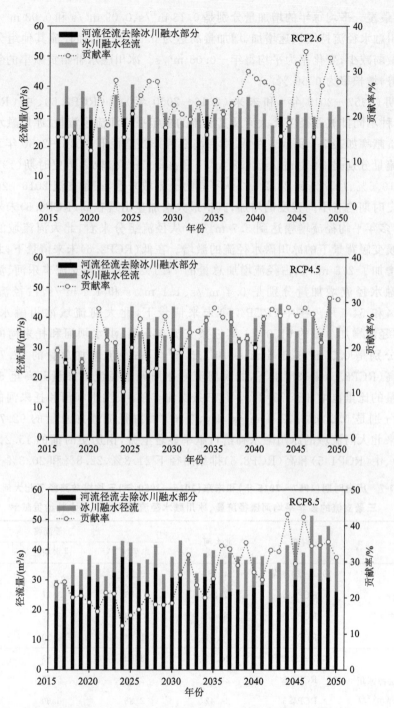

图 7-15　在低（RCP2.6）、中（RCP4.5）和高（RCP8.5）三种不同排放路径下北大河流域
2016—2050 年河流径流量、冰川融水径流量和冰川融水补给贡献率的年际变化序列

呈现上升趋势,增长率为 0.36 ‰/a。

　　在高（RCP8.5）排放路径下,北大河年径流的增加趋势进一步增强,平均每年增加 0.25 m³/s。其三条支流径流的年际变化也都与北大河一致,其中洪水坝河增长最快,托来河次之,丰乐河最慢。平均每年的增加量分别是 0.13 m³/s、0.09 m³/s 和 0.03 m³/s。北大河径流组分中冰川融水径流持续快速增加,增加量高达为 0.30 m³/s,而径流其他组分的年际变化甚至出现了微弱减少,变化率为平均每年−0.05 m³/s。冰川融水补给贡献率的年际变化呈现显著上升趋势,增长率为 0.59 %/a。

历史时期(1957—2015 年)和未来(2016—2050 年)低(RCP2.6)、中(RCP4.5)和高(RCP8.5)三种不同排放路径下北大河及其支流的多年平均河流径流量、冰川融水径流量和冰川融水补给贡献率如表 7-7 所示。在低、中和高三种排放路径下,2016—2050 年北大河的多年平均河流径流量分别是 34.1 m³/s、36.8 m³/s 和 38.0 m³/s,较之历史时期(1957—2015 年)分别增加了 10.6%、19.4% 和 23.2%。从不同的子流域来看,三条支流 2016—2050 年的平均径流较之历史时期均有不同程度的增加,其中最大增加量出现在高(RCP8.5)未来情景下的洪水坝河流域,多年平均径流增幅达到 3.7 m³/s。从径流组分来看,北大河流域的径流增加主要来源于气候变暖背景下的冰川融水径流的激增。在低(RCP2.6)未来情景下,北大河流域冰川融水径流增加了 2.5 m³/s,占径流增加总量的 77.1%。其三条支流丰乐河、洪水坝河和托来河的冰川融水径流增加量分别是 0.4 m³/s、1.1 m³/s 和 1.1 m³/s,占径流增加总量的 100%、98.1% 和 54.1%。在中(RCP4.5)未来情景下,北大河流域冰川融水径流增加了 3.7 m³/s,占径流增加总量的 61.0%。其三条支流丰乐河、洪水坝河和托来河的冰川融水径流的增加量分别是 0.5 m³/s、1.6 m³/s 和 1.6 m³/s,占径流增加总量的 62.7%、67.0% 和 55.7%。在高(RCP8.5)未来情景下,北大河流域冰川融水径流增加量升高至 5.35 m³/s,占径流增加总量的比重也增加至 73.2%。其三条支流丰乐河、洪水坝河和托来河的冰川融水径流的增加量分别是 0.6 m³/s、2.3 m³/s 和 2.3 m³/s,占径流增加总量的 92.7%、61.4% 和 84.2%。未来北大河流域的冰川融水补给贡献率显著上升,由历史时期的 15.2% 分别增长至低(RCP2.6)、中(RCP4.5)和高(RCP8.5)排放路径下 21.3%、22.8% 和 26.3%。

表 7-7　历史时期(1957—2015 年)和未来(2016—2050 年)三种排放路径下北大河及其三条支流的多年平均河流径流量、冰川融水径流量和冰川融水补给贡献率

项目	时期	北大河	子流域		
			丰乐河	洪水坝河	托来河
冰川融水 径流量/(m³/s)	1957—2013 年	4.76	0.51	2.12	2.13
	RCP2.6	7.28	0.86	3.17	3.25
	RCP4.5	8.41	0.98	3.68	3.75
	RCP8.5	10.01	1.14	4.39	4.47
河流径流量去掉冰川 融水的部分/(m³/s)	1957—2013 年	26.09	2.60	5.83	17.66
	RCP2.6	26.84	2.39	5.85	18.61
	RCP4.5	28.42	2.88	6.60	18.95
	RCP8.5	28.01	2.65	7.26	18.10
河流径流量/ (m³/s)	1957—2013 年	30.85	3.11	7.95	19.79
	RCP2.6	34.12	3.25	9.02	21.86
	RCP4.5	36.83	3.86	10.28	22.70
	RCP8.5	38.02	3.79	11.65	22.58

续表

项目	时期	北大河	子流域		
			丰乐河	洪水坝河	托来河
冰川融水补给 贡献率/%	1957—2013 年	15.20	16.47	26.63	10.77
	RCP2.6	21.34	26.50	35.15	14.87
	RCP4.5	22.83	25.41	35.81	16.51
	RCP8.5	26.33	30.11	37.71	19.82

7.4.2　冰川融水径流的年内变化及其对河流径流的影响

图 7-16 展示了历史时期（1957—2013 年）和未来（2016—2050 年）低（RCP2.6）、中（RCP4.5）和高（RCP8.5）三种排放路径下北大河流域月平均河流径流量、冰川融水径流量和冰川融水补给的贡献率。从图中可以看出，未来河流径流和冰川融水径流的年内变化特征与历史时期一致，径流量主要集中在暖季，尤其是 7、8 月份，仍呈单峰型。2016—2050 年冷季河流径流保持稳定，在低（RCP2.6）、中（RCP4.5）和高（RCP8.5）三种未来情景下，平均河流径流分别为 15.0 m³/s、14.8 m³/s 和 14.5 m³/s，比历史时期（14.5 m³/s）略有增加。冷季冰川融水径流量极低，对河流径流的补给贡献率还不足 2%，在低（RCP2.6）、中（RCP4.5）和高（RCP8.5）三种未来情景下，冷季平均冰川融水径流量分别为 0.15 m³/s、0.16 m³/s 和 0.20 m³/s，比历史时期（0.26 m³/s）略有减少，说明未来冷季基流的补给作用略有加强，这主

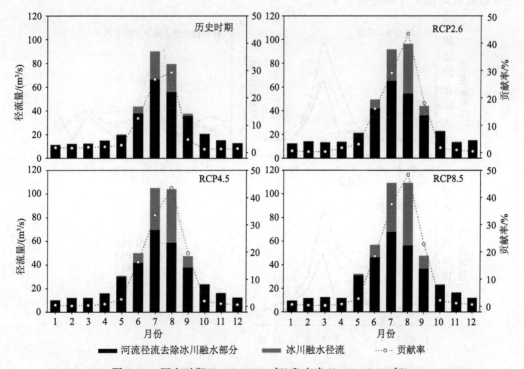

图 7-16　历史时期（1957—2013 年）和未来（2016—2050 年）

三种排放路径下北大河流域月平均河流径流量、冰川融水径流量和冰川融水补给贡献率

要是未来冷季降水增加补给地下水造成的。与历史时期(54.6 m³/s)相比,在低(RCP2.6)未来情景下,2016—2050 年暖季的河流径流有所增加,径流增量为 6.1 m³/s;而在中(RCP4.5)和高(RCP8.5)三种未来情景下,暖季的河流径流增加明显,河流径流分别增加 12.8 m³/s 和 16.9 m³/s,而 7 月、8 月的增量更是高达 18.8 m³/s 和 24.1 m³/s。河流径流的显著增加主要来源于冰川融水的增加,冰川融水径流从历史时期的 11.2 m³/s 增加至低(RCP2.6)、中(RCP4.5)和高(RCP8.5)未来情景下的 17.0 m³/s、19.7 m³/s 和 23.5 m³/s,增长率分别达到了 52.0%、75.7%和 109.1%。而冰川融水补给贡献率由历史时期的 20.5%分别增长至低(RCP2.6)、中(RCP4.5)和高(RCP8.5)排放路径下 28.1%、29.3%和 32.8%。

从未来三种情景模式下与历史时期河流径流和冰川融水径流年内变化的对比结果(图 7-17,图 7-18)来看,未来冰川融水径流在冷季几乎未发生变化,暖季以 8 月增加最多,增幅甚至超过了 30 m³/s,而最大增长率出现在 9 月,高达 330%～500%。受未来气温升高的影响,暖季融水径流大幅增加是可以预见的。早期普遍认为北大河流域冰川在 9 月初进入消融末期,然而 9 月的平均冰川融水径流从历史时期的 1.9 m³/s 激增至低(RCP2.6)、中(RCP4.5)、高(RCP8.5)未来情景下的 8.0 m³/s、9.2 m³/s 和 11.1 m³/s,物质平衡也由微弱正平衡(图 6-2)转为了低(RCP2.6)(−17.4 mm)、中(RCP4.5)(−36.6 mm)和高(RCP8.5)(−52.6 mm)未来情景下的负平衡。因此,未来北大河流域的消融季将会延迟至 9 月底。河流径流去掉冰川融水径流的部分年内变化相对较小,大多数月份的变化量小于 4 m³/s(<20%),仅在 5 月[中(RCP4.5)、高(RCP8.5)]和 6 月高(RCP8.5)的径流增加超过了 8 m³/s,最高的变化率接近 60%[5 月,高(RCP8.5)],说明在未来气候变化的影响下,北大河汛期开始的时间由 6 月提前到了 5 月。

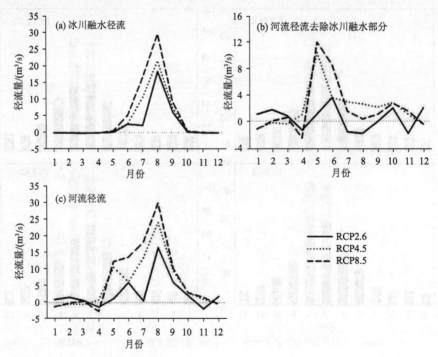

图 7-17　低(RCP2.6)、中(RCP4.5)和高(RCP8.5)三种排放路径下北大河流域未来
(2016—2050 年)月平均河流径流和冰川融水径流较之历史时期(1957—2013 年)的变化量

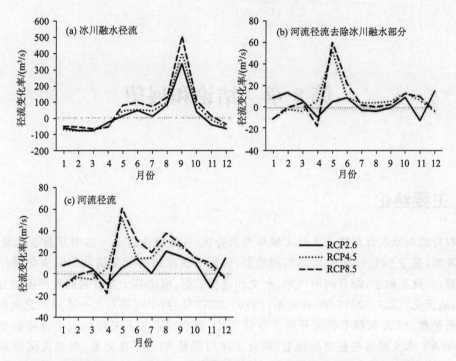

图 7-18　低(RCP2.6)、中(RCP4.5)和高(RCP8.5)三种排放路径下北大河流域未来
(2016—2050 年)月平均河流径流和冰川融水径流较之历史时期(1957—2013 年)的变化率

第8章 结论和展望

8.1 主要结论

选取青藏高原东北部的北大河流域作为研究区,在流域内的七一冰川开展了气象-物质平衡实地观测,基于 2011—2016 年的实测数据,分析了该冰川物质平衡的年际变化特征和年内变化过程;在此基础上,综合利用气象、水文和遥感数据,借助基于度日和能量平衡的分布式冰川模型,从历史(1957—2015 年)和未来(2016—2050 年)两个时期对七一冰川和北大河流域冰川的物质平衡、ELA 和融水径流开展了变化规律、影响因素和未来预估三个方面的研究。此外,在 SWAT 水文模型的框架基础上,耦合了冰川能量-物质平衡方案,对北大河流域的水文过程进行模拟,同时对北大河的径流的未来变化做出预测,重点分析了冰川融水组分变化对河流径流的潜在影响。根据以上研究,主要结论如下。

(1)七一冰川变化及其对气候变化的响应:根据七一冰川气象-物质平衡的野外观测结果,2011—2016 年,七一冰川的平均物质平衡为 −476 mm,平均 ELA 为 4941 m,物质平衡梯度为 2.9 mm/m。受风吹雪和升华作用影响,11 月—次年 3 月冰川呈现负平衡;4 月和 9 月物质平衡受降水控制,随海拔的变化特征呈现降水效应;强消融期(6—8 月)物质平衡随海拔升高线性增加,而消融期末由 9 月初延后至 9 月底,整体上近期冰川物质亏损仍在继续,但亏损速率有所减缓。七一冰川物质平衡对气候变化的敏感性分析结果表明,冰川物质平衡对气温变化的敏感性为 −178.7 mm/(℃ · a),而对降水变化的敏感性为 +2.9 mm/(mm · a)。即 61 mm 的年降水量增加才能弥补暖季气温升高 1 ℃引起的冰川净物质损失。

(2)历史时期北大河流域冰川变化模拟及其影响因素分析:以气象站数据为模型驱动,借助一个基于度日的分布式冰川模型,对北大河流域冰川的物质平衡、零平衡线和融水径流进行了模拟和重建。结果表明,1957—2013 年,北大河流域多年平均物质平衡为 −272 mm,冰储量减少 4.0 Gt。相应地,多年平均 ELA 为 4916 m,过去 56 年间 ELA 升高了 242 m。与地形和冰川形态因子相比,气候因子对冰川物质平衡和 ELA 变化的影响更为显著。物质平衡对气温变化的敏感性为 −238.9 mm/(℃ · a),而对降水量的敏感性为 +1.1 mm/(mm · a)。气温升高 1 ℃引起的冰川净物质损失量需要 58.2% 的降水增量来弥补。1957—2013 年,北大河流域间多年平均河流径流量为 $9.74×10^8$ m³,冰川融水径流量为 $1.51×10^8$ m³,占地表径流的 15.2%。冰川融水径流突变的年份发生在 2000 年,突变前后对地表径流的贡献率从 13.9% 增加到 20.4%。冰川融水和地表径流都集中在夏季,年内变化呈单峰型。随着气候变暖,夏季融水径流明显增加,增加量为 $5.9×10^7$ m³。而冷季基流(冷季主要的补给水源)对地表径流的补给作用逐渐减弱。

（3）基于 CMIP5 多模式的气候变化情景：基于 CMIP5 中在研究区模拟精度最好的四个气候模式输出结果，对低（RCP2.6）、中（RCP4.5）和高（RCP8.5）三种排放路径下 2016—2050 年七一冰川区气温与降水变化趋势进行诊断。结果表明，在未来低、中和高三种排放路径下，研究区气温持续升高，与历史时期相比，气温增幅为 1.79～2.05 ℃。从年际变化看，21 世纪 30 年代之前在三种排放路径下的变化趋势基本一致，21 世纪 30 年代之后差异显著，按照低中高排放路径的顺序，气温的增长分别呈明显减缓、略有增加和持续快速增加趋势。整体上 2006—2050 年气温增长率分别是 0.29 ℃/（10 a）、0.39 ℃/（10 a）和 0.52 ℃/（10 a）。未来降水比历史时段略有增加，增幅为 21.3～28.9 mm。降水增加主要来自于春季，约占总增幅的一半，其次是夏季，秋冬季最少。未来降水基本维持了 21 世纪初的状态，变化趋势不显著，年均降水量范围是 372～379 mm。

（4）基于度日和能量平衡的分布式模型在七一冰川的模拟：基于野外实测数据，构建了适合七一冰川的两种（基于度日和能量平衡）的分布式物质平衡模型。对七一冰川历史时期的物质平衡和 ELA 变化进行了模拟研究。结果表明，两种分布式模型在七一冰川的模拟中均有良好表现，尤其是物质平衡的模拟值与实测值基本一致。模型驱动的选择中，IPSL-CM5A-LR 模式数据的表现最优。在低、中和高三种不同排放路径下，2016—2050 年七一冰川的末端持续退缩，35 年间的退缩距离分别为 175 m、190 m 和 220 m，平均退缩速率为 5.0 m/a、5.4 m/a 和 6.3 m/a，与历史时段的退缩速度（5.9 m/a）接近。未来七一冰川面积仍将持续萎缩，面积减少速率分别为 3020 m²/a、3380 m²/a 和 3800 m²/a。预计到 2050 年，七一冰川面积分别为 2.65 km²、2.64 km² 和 2.63 km²，较之 1975 分别减小了 7.8%、8.1% 和 8.6%。未来七一冰川的年物质平衡均为负值，冰储量持续亏损，且亏损速率呈加快趋势。在未来低、中和高三种不同排放路径下，多年平均物质平衡分别为 −521 mm、−667 mm 和 −862 mm，远低于历史时期的 −153 mm，冰储量损失达到 49.2 Mt、62.7 Mt 和 80.7 Mt。相应地，多年平均 ELA 分别为 4940 m、4980 m 和 5021 m，比历史时期的 4822 m 明显升高。未来冰川物质平衡向极大负平衡发展主要原因是暖季（特别是 7 月、8 月）消融量激增，而暖季降雪量的减少也在一定程度上加剧了冰川的物质亏损。从能量平衡的组分来看，冰川消融能量的最大收入项净短波辐射未来显著增加，而 7、8 月份消融能量的增加主要由于净短波辐射的增加（61%），其次是净长波辐射能量支出的减少（29%）。

（5）未来气候变化背景下冰川和径流的情景模拟：借助耦合了冰川能量-物质平衡方案的 SWAT 水文模型，对北大河的流域水文过程和径流的未来变化进行了模拟预测。结果表明，2016—2050 年北大河流域冰川的年平衡均为负值，冰储量持续亏损，在低、中和高三种排放路径下，多年平均物质平衡分别为 −509 mm、−647 mm 和 −838 mm，冰储量损失为 4.9 Gt、6.2 Gt 和 8.1 Gt。多年平均 ELA 分别为 4981 m、5030 m 和 5080 m，ELA 的年际变化呈持续升高趋势，35 年间分别升高了 93 m、221 m 和 355 m。多年平均河流径流量分别是 34.1 m³/s、36.8 m³/s 和 38.0 m³/s，较之历史时期（1957—2013 年）分别增加了 10.6%、19.4% 和 23.2%。从径流组分来看，北大河径流增加主要来源于气候变暖引起的冰川融水径流的激增，冰川融水补给贡献率由历史时期的 15.2% 分别增长至低（RCP2.6）、中（RCP4.5）和高（RCP8.5）排放路径下 21.3%、22.8% 和 26.3%。此外，在未来气候变化的影响下，北大河汛期的开始时间由 6 月提前到了 5 月，而流域冰川消融季的结束时期由 9 月初延迟至 9 月底。

8.2　特色与创新点

（1）构建了适用于七一冰川和北大河流域的基于度日和能量平衡的高时空分辨率的分布式物质平衡模型。为提高模拟精度,在不同的月份和高度带采用不同的气温垂直递减率和降水梯度,并且考虑了"冰川温跃值"的影响。能量平衡模型中包含了考虑地形影响的入射短波模块、适用于冰川表面的反照率和雪冰的渗浸再冻结模块等,并利用七一冰川的实测数据对不同时间尺度的模拟精度进行了全面系统评价。

（2）在流域尺度（北大河流域）构建了高时空分辨率的分布式冰川模型,重建了历史时期北大河流域的冰川物质平衡、零平衡线和融水径流序列,并从气候（气温和降水量）,地形（海拔、坡度和坡向等）和冰川形态（冰川面积和长度）三个方面讨论了冰川变化的影响因素。

（3）SWAT水文模型流域尺度冰川产流模块尚未开发,目前最常用的简单度日因子法不能很好地反映冰川消融的时空差异性。针对北大河流域冰川广布的特殊下垫面性质,本研究将分布式冰川能量-物质平衡模型与SWAT水文模型相结合,利用CMIP5中全球气候模式的输出结果作为驱动,预测了2016—2050年北大河流域冰川和径流的未来变化,分析了未来冰川融水径流变化对河流径流的潜在影响,进而探讨了未来冰川变化的气候水文效应。

8.3　存在的不足与展望

以北大河流域作为研究对象,综合利用气象、水文、遥感和七一冰川野外实测等数据,借助分布式模型方法,从历史和未来两个时期对流域尺度的冰川与河流径流展开变化规律、影响因素和未来预估三个方面的研究,进而对冰川变化的气象水文效应进行探讨。本研究进行了大量的野外观测和室内数据分析工作,尽管如此,仍有以下方面的工作需要进一步深入。

（1）冰川野外实地观测数据稀少

受观测条件限制,冰川野外实地观测无法普遍开展,同时具有实测的气象、物质平衡和径流数据的冰川极少。本研究仅选取了七一冰川进行观测,虽然其区域代表性良好,但仍给流域尺度的模拟研究带来诸多不确定性。未来需要加大观测投入以获取更多的冰川实测数据,观测冰川的选择应趋于多样性,如按冰川类型属于大陆性还是海洋性、山谷冰川还是冰帽、冰川表面有无表碛覆盖、处于何种气候区等都应考虑在内。

（2）冰川模型仍需发展改进,多元数据使用亟待加强

分布式冰川模型构建过程中,没有考虑冰川运动和风吹雪对物质平衡的影响,也没有考虑冰川内部融化以及降雨提供的能量对能量平衡的影响,未来需要加强。此外,为了获取更多的参数率定和模型验证数据,除了加强冰川野外实地观测之外,未来需要更多地加强其他数据源的使用。如卫星遥感数据中,MODIS反演的反照率数据、ICESat卫星获取的冰川高程变化数据等。

（3）青藏高原内部不同区域的气候变化预测精度有待提高

全球气候模式（GCMs）输出结果的空间分辨率较低,难以为流域尺度的研究提供可靠信

息。通过统计或动力学方法降尺度均存在较大偏差,导致全球和区域尺度的气候变化情景有很大的差别。此外,不同气候模式对同一区域模拟能力差别较大,而青藏高原的复杂地形和环流背景也为其气候变化的精确预测增加了难度。未来研究将采用区域气候模式(如 RegCM4)的高时空间分辨率的输出结果,以提高区域气候变化预测精度,最大程度的消除未来冰川和径流模拟中不确定性。

(4)人工降雨实验的工作需要深入开展

北大河流域内分布着冰川、积雪和冻土,流域内水循环的物理过程非常复杂。本研究的野外观测主要集中于七一冰川区,而对于 SWAT 模型涉及的流域地形条件对产汇流过程影响的野外实验比较薄弱。未来计划在七一冰川附近区域设立典型实验区开展人工降雨实验,根据实验结果获得不同土地利用类型的下渗率和地表径流系数等指标,分析壤中流和地表径流占总径流的比例,从而对 SWAT 模型的流域径流模拟过程进行校准。针对研究流域处于高寒山区的特点,实验突出强调研究固态和液态降水对下渗和地表径流的影响,以期 SWAT 模型可以最大程度地反映模拟时段的真实物理过程。

参考文献

陈辉,李忠勤,王璞玉,等,2013. 近年来祁连山中段冰川变化[J]. 干旱区研究,30(4):588-593.

陈仁升,康尔泗,丁永建,2013. 中国高寒区水文学中的一些认识和参数[J]. 水科学进展,25(3):307-317.

董志文,秦大河,任贾文,等,2013. 近 50 年来天山乌鲁木齐河源 1 号冰川平衡线高度对气候变化的响应[J]. 科学通报,58(9):825-832.

段克勤,姚檀栋,石培宏,等,2007. 青藏高原东部冰川平衡线高度的模拟及预测[J]. 中国科学:地球科学,47(1):104-113.

符淙斌,王强,1992. 气候突变的定义和检测方法[J]. 大气科学,16(4):482-493.

高红凯,何晓波,叶柏生,等,2011. 1955—2008 年冬克玛底河流域冰川径流模拟研究[J]. 冰川冻土,33(1):171-181.

高鑫,叶柏生,张世强,等,2010. 1961—2006 年塔里木河流域冰川融水变化及其对径流的影响[J]. 中国科学:地球科学,40(5),654-665.

郝振纯,张越关,杨传国,等,2013. 黄河源区水文模拟中地形和融雪影响[J]. 水科学进展,24(3):311-318.

何思为,南卓铜,张凌,等,2015. 用 VIC 模型模拟黑河上游流域水分和能量通量的时空分布[J]. 冰川冻土,37(1):211-225.

怀保娟,李忠勤,孙美平,等,2014. 近 50 年黑河流域的冰川变化遥感分析[J]. 地理学报,69(3):365-377.

贾仰文,高辉,牛存稳,等,2008. 气候变化对黄河源区径流过程的影响[J]. 水利学报,39(1):52-58.

蒋熹,2008. 祁连山七一冰川暖季能量-物质平衡观测与模拟研究[D]. 兰州:中国科学院寒区旱区环境与工程研究所.

蒋熹,王宁练,贺建桥,等,2010. 山地冰川表面分布式能量-物质平衡模型及其应用[J]. 科学通报,55(18):1757-1765.

焦克勤,王纯足,韩添丁,2000. 天山乌鲁木齐河源 1 号冰川新近出现大的物质负平衡[J]. 冰川冻土,22(1):62-64.

焦克勤,井哲帆,韩添丁,等,2004. 42 a 来天山乌鲁木齐河源 1 号冰川变化及趋势预测[J]. 冰川冻土,26(3):253-260.

康尔泗,Ohmura A,1994. 天山冰川作用流域能量,水量和物质平衡及径流模型[J]. 中国科学(B 辑),24:983-991.

李新,陈贤章,程国栋,1996. 利用数字地形模型计算复杂地形下的短波辐射平衡[J]. 冰川冻土,18(增刊):344-353.

李新,程国栋,陈贤章,等,1999. 任意地形条件下太阳辐射模型的改进[J]. 科学通报,44(9):993-998.

蔺学东,张镱锂,姚治君,等,2007. 拉萨河流域近 50 年来径流变化趋势分析[J]. 地理科学进展,26(3):58-67.

刘潮海,谢自楚,杨惠安,等,1992. 祁连山"七一"冰川物质平衡的观测、插补及趋势研究[C]//中国科学院兰州冰川冻土研究所集刊(第 7 号). 北京:科学出版社:21-33.

刘睿翀,霍艾迪,Chen X H,等,2014. 基于 SUFI-2 算法的 SWAT 模型在陕西黑河流域径流模拟中的应用[J]. 干旱地区农业研究,32(5):213-217.

刘时银,丁永建,叶佰生,等,1996. 度日因子用于乌鲁木齐河源 1 号冰川物质平衡计算的研究[C]//第五届全国冰川冻土学大会论文集(上册). 兰州:甘肃文化出版社:197-204.

刘时银,沈永平,孙文新,等,2002. 祁连山西段小冰期以来的冰川变化研究[J]. 冰川冻土,24(3):227-233.

刘时银,姚晓军,郭万钦,等,2015. 基于第二次冰川编目的中国冰川现状[J]. 地理学报,7(1):3-16.

蒲健辰,姚檀栋,段克勤,等,2005. 祁连山七一冰川物质平衡的最新观测结果[J]. 冰川冻土,27(2):199-206.

秦大河,Stocker T,259 名作者,等,2014. IPCC 第五次评估报告第一工作组报告的亮点结论[J]. 气候变化研究进展,10(1):1-6.

卿文武,陈仁升,刘时银,等,2011. 两类度日模型在天山科其喀尔巴西冰川消融估算中的应用[J]. 地球科学进展,26(4):409-416.

沈永平,刘时银,甄丽丽,等,2001. 祁连山北坡流域冰川物质平衡波动及其对河西水资源的影响[J]. 冰川冻土,23(3):244-250.

施雅风,黄茂桓,姚檀栋,等,2000. 中国冰川与环境-现在、过去和未来[M]. 北京:科学出版社:101-233.

施雅风,沈永平,胡汝骥,2002. 西北气候由暖干向暖温转型的信号、影响和前景初步探讨[J]. 冰川冻土,24(3):219-226.

施雅风,沈永平,李栋梁,等,2003. 中国西北气候由暖干向暖湿转型的特征和趋势探讨[J]. 第四纪研究,23(2):152-164.

王超,赵传燕,2013. TRMM 多卫星资料在黑河上游时空特征研究中的应用[J]. 自然资源学报,28(5):862-872.

王宁练,贺建桥,蒋熹,等,2009. 祁连山中段北坡最大降水高度带观测与研究[J]. 冰川冻土,31(3):395-403.

王宁练,贺建桥,蒲健辰,等,2010. 近 50 年来祁连山七一冰川平衡线高度变化研究[J]. 科学通报,55(32):3107-3115.

王盛,蒲健辰,王宁练,2011. 祁连山七一冰川物质平衡及其对气候变化的敏感性研究[J]. 冰川冻土,33(6):1214-1221.

王盛,姚檀栋,蒲健辰,2020. 祁连山七一冰川物质平衡的时空变化特征分析[J]. 自然资源学报,35(2):399-412.

王潇宇,2005. 复杂地形下我国太阳总辐射的分布式模拟[D]. 南京:南京信息工程大学.

王宇涵,杨大文,雷慧闽,等,2015. 冰冻圈水文过程对黑河上游径流的影响分析[J]. 水利学报,46(9):1064-1071.

王中根,刘昌明,黄友波,2003. SWAT 模型的原理、结构及应用研究[J]. 地理科学进展,22(1):79-86.

王仲祥,谢自楚,伍光和,1985. 祁连山冰川的物质平衡[C]//中国科学院兰州冰川冻土研究所集刊(第 5 号). 北京:科学出版社:41-53.

王宗太,刘潮海,尤根祥,等,1981. 中国冰川目录Ⅰ(祁连山区)[M]. 兰州:中国科学院兰州冰川冻土研究所:85-119.

魏凤英,2008. 现代气候统计诊断与预测技术[M]. 北京:气象出版社:62-79.

吴倩如,康世昌,高坛光,等,2010. 青藏高原纳木错流域扎当冰川度日因子特征及其应用[J]. 冰川冻土,32(5):891-897.

谢自楚,1980. 冰川物质平衡及其与冰川特征的关系[J]. 冰川冻土,2(4):1-10.

徐冉,铁强,代超,等,2015. 雅鲁藏布江奴下水文站以上流域水文过程及其对气候变化的响应[J]. 河海大学学报,43(4):288-293.

颜东海,李忠勤,高闻宇,等,2012. 祁连山北大河流域冰川变化遥感监测[J]. 干旱区研究,29(2):245-250.

杨针娘,1991. 中国冰川水资源[M]. 兰州:甘肃科学技术出版社:115-152.

姚檀栋,姚治君,2010. 青藏高原冰川退缩对河川径流的影响[J]. 自然杂志,32(1):4-8.

张健,何晓波,叶柏生,等,2013. 近期小冬克玛底冰川物质平衡变化及其影响因素分析[J]. 冰川冻土,35(2):

263-271.

张金华,1981. 天山乌鲁木齐河源 1 号冰川物质平衡研究[J]. 冰川冻土,3(2):32-40.

张金华,王晓军,李军,1984. 天山乌鲁木齐河源 1 号冰川物质平衡变化与气候相互关系的研究[J]. 冰川冻土,6(4):25-36.

张勇,刘时银,上官冬辉,等,2005. 天山南坡科其卡尔巴契冰川度日因子变化特征研究[J]. 冰川冻土,27(3):337-343.

张勇,刘时银,丁永建,2006a. 中国西部冰川度日因子的空间变化特征[J]. 地理学报,61(1):89-98.

张勇,刘时银,丁永建,等,2006b. 天山南坡科契卡尔巴西冰川物质平衡初步研究[J]. 冰川冻土,28(4):477-484.

周石硚,康世昌,高坛光,等,2010. 纳木错流域扎当冰川径流对气温和降水形态变化的响应[J]. 科学通报,55(18):1781-1788.

ABBASPOUR K C,2007. SWAT calibration and uncertainty programs[M]. Duebendorf,Switzerland:Swiss Federal Institute of Aquatic Science and Technology,Eawag:95.

ABDALATI W,KRABILL W,Frederick E,et al,2004. Elevation changes of ice caps in the Canadian Arctic Archipelago[J]. Journal of Geophysical Research,109(F04007).

ANDERSON B,MACKINTOSH A,STUMM D,et al,2010. Climate sensitivity of a high-precipitation glacier in New Zealand[J]. Journal of Glaciology,56(195):114-128.

ARENDT A A,ECHELMEYER K A,HARRISON W D,et al,2002. Rapid wastage of Alaska glaciers and their contribution to rising sea level[J]. Science,297(5580):382-386.

ARENDT A,BOLCH T,COGLEY,J G,et al,2012. Randolph glacier inventory:A dataset of global glacier outlines version:2.0[R]. GLIMS Technical Report.

ARNOLD N S,WILLIS I C,SHARP M J,et al,1996. A distributed surface energy-balance model for a small valley glacier. I. Development and testing for Haut Glacier d'Arolla,Valais,Switzerland[J]. Journal of Glaciology,42(140):77-89.

BAHR D B,PFEFFER W T,SASSOLAS C,et al,1998. Response time of glaciers as a function of size and mass balance:1. Theory[J]. Journal of Geophysical Research,103(B5):9777-9782.

BARNETT T P,ADAM J C,LETTENMAIER D P,2005. Potential impacts of a warming climate on water availability in snow-dominated regions[J]. Nature,438(7066):303-309.

BERGSTRÖM S,1976. Development and application of a conceptual runoff model for Scandinavian catchments [J]. Smhi Reports on Hydrology,7:1-134.

BINDSCHADLER R,DOWDESWELL J,HALL D,et al,2001. Glaciological applications with Landsat-7 imagery:Early assessments[J]. Remote Sensing of Environment,78(1-2):163-179.

BOGGILD C E,REEH N,OERTER H,1994. Modelling ablation and mass-balance sensitivity to climate change of Storstrommen,Northeast Greenland[J]. Global and Planetary Change,9(1-2):79-90.

BOGGILD C E,KNUDBY C J,KNUDSEN M B,et al,1999. Snowmelt and runoff modelling of an Arctic hydrological basin in West Greenland[J]. Hydrological Processes,13(12-13):1989-2002.

BOLCH T,KULKARNI A,KÄÄB A,et al,2012. The state and fate of Himalayan glaciers[J]. Science,336(6079):310-314.

BOLCH T,SRENSEN L S,SIMONSEN S B,et al,2013. Mass loss of Greenland's glaciers and ice caps 2003—2008 revealed from icesat laser altimetry data[J]. Geophysical Research Letters,40(5):875-881.

BRAITHWAITE R J,1984. Can the mass balance of a glacier be estimated from its equilibrium line altitude? [J]. Journal of Glaciology,30(106):364-368.

BRAITHWAITE R J,OLESEN O B,1989. Calculation of glacier ablation from air temperature,West Greenland[J]. Glacier Fluctuations and Climatic Change: Glaciology and Quaternary Geology, 6: 219-233.

BRAITHWAITE R J, 1995. Positive degree-day factors for ablation on the Greenland ice sheet studied by energy-balance modelling[J]. Journal of Glaciology, 41(137): 153-160.

BRAITHWAITE R J, ZHANG Y, 1999. Modelling changes in glacier mass balance that may occur as a result of climate changes[J]. Geografiska Annualer, 81(4): 489-496.

BRAUN M, RAU F, SIMOES J C, 2001. A GIS glacier inventory for the Antarctic Peninsula and the South Shetland Islands-a first case study on King George Island[J]. Geo-spatial Information Science, 4(2): 15-24.

BROCK B W, WILLIS I C, SHARP M J, 2000. Measurement and parameterization of albedo variations at Haut Glacier d'Arolla, Switzerland[J]. Journal of Glaciology, 46(155): 675-688.

BRUBAKER K, RANGO A, KUSTAS W, 1996. Incoporating radiation inputs into the snowmelt runoff model [J]. Hydrological Processes, 10(10): 1329-1343.

CARENZO M, PELLICCIOTTI F, RIMKUS S, et al, 2009. Assessing the transferability and robustness of an enhanced temperature-index glacier melt model[J]. Journal of Glaciology, 55(190): 258-274.

CASASSA A G, SMITH K, RIVERA A, et al, 2002. Inventory of glaciers in Isla Riesco, Patagonia, Chile, based on aerial photography and satellite imagery[J]. Annals of Glaciology, 34(1): 373-378.

CHE Y J, ZHANG M J, LI Z Q, et al, 2017. Glacier mass-balance and length variation observed in China during the periods 1959—2015 and 1930—2014[J]. Quaternary International, 454(oct. 1): 68-84.

CHEN J, OHMURA A, 1990. Estimation of Alpine glacier water resources and their change since the 1870s [J]. International Association of Hydrological Sciences, 193: 127-135.

COGLEY J G, 2010. A more complete version of the World Glacier Inventory[J]. Annals of Glaciology, 50 (53): 32-38.

COGLEY J G, Kargel J S, Kaser G, et al, 2010. Tracking the source of glacier misinformation[J]. Science, 337: 522.

COGLEY J G, Hock R, Rasmussen L A, et al, 2011. Glossary of glacier mass balance and related terms[M]. Paris: IHP-VII technical documents in hydrology No. 86, UNESCO-IHP.

DING B H, YANG K, QIN J, et al, 2014. The dependence of precipitation types on surface elevation and meteorological conditions and its parameterization[J]. Journal of Hydrology, 513(11): 154-163.

DUGUAY C R, 1993. Radiation modeling in mountainous terrain review and status[J]. Mountain Research and Development, 13(4): 339-357.

DWYER J L, 2014. Mapping tide-water glacier dynamics in east Greenland using landsat data[J]. Journal of Glaciology, 41(139): 584-595.

DYURGEROV M B, 2010. Reanalysis of glacier changes: From the IGY to the IPY, 1960—2008[J]. Data of Glaciological Studies, 108: 1-116.

FINSTERWALDER S, SCHUNK H, 1887. Der Suldenferner[J]. Zeitschrift des Deutschen und Oesterreichis Alpenvereins, 18: 72-89.

FONTAINE T A, CRUICKSHANK T S, ARNOLD J G, et al, 2002. Development of a snowfall-snowmelt routine for mountainous terrain for the Soil Water Assessment Tool (SWAT)[J]. Journal of Hydrology, 262 (1-4): 209-223.

FUJITA K, 2008. Effect of precipitation seasonality on climatic sensitivity of glacier mass balance[J]. Earth and Planetary Science Letters, 276(1-2): 14-19.

FUJITA K, AGETA Y, 2000. Effect of summer accumulation on glacier mass balance on the Tibetan Plateau revealed by mass-balance model[J]. Journal of Glaciology, 46(153): 244-252.

GAN T Y, 1998. Hydroclimatic trends and possible climatic warming in the Canadian Prairies[J]. Water Resource Research,34(11):3009-3015.

GARDNER A S,MOHOLDT G,WOUTERS B,et al,2011. Sharply increased mass loss from glaciers and ice caps in the Canadian Arctic Archipelago[J]. Nature,437(7347):357-360.

GARDNER A S,MOHOLDT G,COGLEY J G,et al,2013. A reconciled estimate of glacier contributions to sea level rise:2003 to 2009[J]. Science,340(6134):852-857.

GARNIER B J,OHMURA A,1968. A method of calculating the direct shortwave radiation income on slopes [J]. Journal of Applied Meteorology,7(5):796-800.

GIESEN R H,OERLEMANS J,2013. Climate-model induced differences in the 21st Century global and regional glacier contributions to sea-level rise[J]. Climate Dynamics,41(11-12):3283-3300.

GLECKLER P J,TAYLOR K E,DOUTRIAUX C,2008. Performance metrics for climate models[J]. Journal of Geophysical Research,113 (D6):D06104.

HINZMAN L D,BETTEZ N D,BOLTON W R,et al,2005. Evidence and implications of recent climate change in northern Alaska and other Arctic regions[J]. Climatic Change,72(3):251-298.

HIRABAYASHI Y,ZANG Y,WATANABE S,et al,2013. Projection of glacier mass changes under a high-emission climate scenario using the global glacier model HYOGA2[J]. Hydrological Research Letters,7(1):6-11.

HIRSCH R M,SLACK J R,1984. A nonparametric trend test for seasonal data with serial dependence[J]. Water Resources Research,20(6):727-732.

HOBBS P V,1974. Ice Physics[M]. Oxford:Clarendon Press.

HOCK R,1999. A distributed temperature-index ice-and snowmelt model including potential direct solar radiation[J]. Journal of Glaciology,45(149):101-111.

HOCK R,2003. Temperature index melt modelling in mountain regions[J]. Journal of Hydrology,282(1-4):104-115.

HOCK R,2005. Glacier melt:A review on processes and their modelling[J]. Progress in Physical Geography,29(3):362-391.

HUANG S,KRYSANOVA V,ZHAI J Q,et al,2015. Impact of intensive irrigation activities on river discharge under agricultural scenarios in the semi-arid Aksu River basin,Northwest China[J]. Water Resources Management,29(3):945-959.

HUINTJES E,LI H,SAUTER T,2010. Degree-day modelling of the surface mass balance of Ürümqi Glacier No. 1,Tian Shan,China[J]. Cryosphere Discussions,4(1):207-232.

HUSS M,2011. Present and future contribution of glacier storage change to runoff from macroscale drainage basins in Europe[J]. Water Resources Research,47:W07511.

HUYBRECHTS P,LETREGUILLY A,REEH N,1991. The Greenland ice sheet and greenhouse warming[J]. Palaeoecol,89(4):399-412.

IMMERZEEL W W,VAN BEEK L P,BIERKENS M F,2010. Climate change will affect the Asian water towers[J]. Science,328(5984):1382-1385.

JACOB T,WAHR J,PFEFFER W T,et al,2012. Recent contributions of glaciers and ice caps to sea level rise [J]. Nature,482(7386):514-518.

JANSSON P,HOCK R,SCHNEIDER T,2003. The concept of glacier storage:A review[J]. Journal of Hydrology,282(1):116-129.

JÓHANNESSON T,SIGURÐ SSON O,LAUMANN T,et al,1995. Degree-day glacier mass balance modeling with applications to glaciers in Iceland,Norway and Greenland[J]. Journal of Glaciology,41(151):345-358.

KÄÄB A,2002. Monitoring high-mountain terrain deformation from repeated air and spaceborne optical data:

Examples using digital aerial imagery and Aster data[J]. Isprs Journal of Photogrammetry & Remote Sensing,157(1-2):39-52.

KANG E,CHENG G D,LAN Y C,et al,1999. A model for simulating the response of runoff from the mountainous watersheds of inland river basins in the arid area of northwest China to climatic change[J]. Science in China (Ser. D),42(s1):52-63.

KASER G,1999. A review of the modern fluctuations of tropical glaciers[J]. Global and Planetary Change,22 (1-4):93-103.

KASER G,FOUNTAIN A,JANSSON P,2002. A manual for monitoring the mass balance of mountain glaciers[J]. UNESCO,International Hydrological Programme,Technical Documents in Hydrology,59:107.

KASER G,COGLEY J G,DYURGEROV M B,et al,2006. Mass balance of glaciers and ice caps:Consensus estimates for 1961-2004[J]. Geophysical Research Letters,33:L19501.

KASER G,GROSSHAUSER M,MARZEION B,2010. Contribution potential of glaciers to water availability in different climate regimes[J]. Proceedings of the National Academy of Sciences,107(47):20223-20227.

KIEFFER H,KARGEL J S,BARRY R,et al,2000. New eyes in the sky measure glaciers and ice sheets[J]. Eos Transactions American Geophysical Union,81(24):265-271.

KLOK E J,OERLEMANS J,2002. Model study of the spatial distribution of the energy and mass balance of Morteratschgletscher,Switzerland[J]. Journal of Glaciology,48(163):505-518.

KONDO J,1994. Meteorology of Water Environment[M]. Tokyo:Asakura-shoten.

KRABILL W,FREDERICK E,MANIZADE S,et al,1999. Rapid thinning of parts of the Southern Greenland ice sheet[J]. Science,283:1522-1524.

KRABILL W,ABDALATI W,FREDERICK E,et al,2000. Greenland ice sheet:High elevation balance and peripheral thinning[J]. Science,289:428-430.

KWOK R,CUNNINGHAM G F,ZWALLY H J,et al,2006. Icesat over Arctic sea ice:Interpretation of altimetric and reflectivity profiles[J]. Journal of Geophysical Research,111:C06006.

LAUMANN T,REEH N,1993. Sensitivity to climate change of the mass balance of glaciers in southern Norway[J]. Journal of Glaciology,39(133):656-665.

MACDOUGALL A H,FLOWERS G E,2011. Spatial and temporal transferability of a distributed energy-balance glacier melt-model[J]. Journal of Climate,24(5):1480-1498.

MARZEION B,JAROSCH A H,HOFER M,2012. Past and future sea-level change from the surface mass balance of glaciers[J]. Cryosphere,6(6):1295-1322.

MEIER M F,1984. Contribution of small glaciers to global sea level[J]. Science,226 (4681):1418-1421.

MEIER M F,Dyurgerov M B,Rick U,et al,2007. Glaciers dominate eustatic sea-level rise in the 21st Century [J]. Science,317(5841):1064-1067.

MELLOR M,1978. Engineering properties of snow[J]. Journal of Glaciology,19(81):15-66.

MERCANTON P L,1916. Vermessungen am Rhonegletscher/Mensuration au glacier du Rhone:1874—1915 [M]. Neue Denkschr Schweiz Naturforsch Ges 52.

MOHOLDT G,NUTH C,HAGEN J O,et al,2010. Recent elevation changes of Svalbard glaciers derived from icesat laser altimetry[J]. Remote Sensing of Environment,114(11):2756-2767.

MOHOLDT G,WOUTERS B,GARDNER A S,2012. Recent mass changes of glaciers in the Russian High Arctic[J]. Geophysical Research Letters,39:L10502.

MOLNAR P,BURLANDO P,PELLICCIOTTI F,2011. Streamflow Trends in Mountainous Regions[M]. Netherlands:Springer:1084-1089.

MÖLG T,CULLEN N J,HARDY D R,et al,2009. Quantifying climate change in the tropical midtroposphere over East Africa from glacier shrinkage on Kilimanjaro[J]. Journal of Climate,22(15):4162-4181.

MÖLG T,MAUSSION F,SCHERER D,2014. Mid-latitude westerlies as a driver of glacier variability in monsoonal High Asia[J]. Nature Climate Change,4(1):68-73.

MÜLLER-LEMANS V H,FUNK M,AELLEN M,et al,1994. Langjährige massenbilanzreihen von gletschern in der Schweiz[J]. Gletscherkd Glazialgeol,30:141-160.

NASH J E,SUTTCILIFFE J V,1970. River flow forecasting through conceptual models:Part 1-a discussion of principle[J]. Journal of Hydrology,10(3):282-290.

NICHOLSON L,PRINZ R,MÖLG T,et al,2013. Micrometeorological conditions and surface mass and energy fluxes on Lewis glacier,Mt Kenya,in relation to other tropical glaciers[J]. Cryosphere,7(4):1205-1225.

NUTH C,MOHOLDT G,KOHLER J,et al,2010. Svalbard glacier elevation changes and contribution to sea level rise[J]. Journal of Geophysical Research,115:F01008.

OERLEMANS J,1992. Climate sensitivity of glaciers in southern Norway:application of an energy-balance model to Nigardsbreen,Hellstugubreen and Alfotbreen[J]. Journal of Glaciology,38(129):223-232.

OERLEMANS J,1994. Quantifying global warming from the retreat of glaciers[J]. Science, 264 (5156): 243-245.

OERLEMANS J,2005. Extracting a climate signal from 169 glacier records[J]. Science,308(5722):675-677.

OERLEMANS J,HODEGENDOOM N C,1989. Mass balance gradients and climate change[J]. Journal of Glaciology,35(121):399-405.

OERLEMANS J,FORTUIN J P F,1992. Sensitivity of glaciers and small ice caps to greenhouse warming[J]. Science,258(5079):115-117.

OERLEMANS J,ANDERSON B,HUBBARD A,et al,1998a. Modelling the response of glaciers to climate warming[J]. Climate Dynamics,14(4):267-274.

OERLEMANS J,KANP W H,1998b. A 1 year record of global radiation and albedo in the ablation zone of Morteratschgletscher Switzerland[J]. Journal of Glaciology,44(147):231-238.

OHMURA A,2001. Physical basis for the temperature-based melt-index method[J]. Journal of Applied Meteorology,40(4):753-761.

ØSTREM G,BRUGMAN M,1991. Glacier mass-balance measurements:A manual for field and office work [R]. NHRI Science Report,224.

PATERSON W S B,1994. The physics of glaciers:3rd Edition[M]. Oxford:Pergamon Press.

PAUL F,2002. Changes in glacier area in Tyrol,Austria,between 1969 and 1992 derived from Landsat 5 Thematic Mapper and Austrian Glacier Inventory data[J]. International Journal of Remote Sensing,23(4):787-799.

PAUL F,KÄÄB A,MAISCH M,et al,2004. Rapid disintegration of Alpine glaciers observed with satellite data [J]. Geophysical Research Letters,31:L21402.

PELLICCIOTTI F,BROCK B,STRASSER U,et al,2005. An enhanced temperature-index glacier melt model including the shortwave radiation balance:Development and testing for Haut Glacier d'Arolla,Switzerland [J]. Journal of Glaciology,51(175):573-587.

PEPIN N C,DUANE W J,SCHAEFER M,et al,2014. Measuring and modeling the retreat of the summit ice fields on Kilimanjaro,east Africa[J]. Arctic Antarctic & Alpine Research,46(4):905-917.

PIERCE D W,BARNETT T P,SANTER B D,et al,2009. Selecting global climate models for regional climate change studies[J]. Proceedings of the National Academy of Sciences,USA,106(21):8441-8446.

RADIĆ V,HOCK R,OERLEMANS J,2008. Analysis of scaling methods in deriving future volume evolutions of valley glaciers[J]. Journal of Glaciology,54(187):601-612.

RADIĆ V,HOCK R,2010. Regional and global volumes of glaciers derived from statistical upscaling of glacier inventory data[J]. Journal of Geophysical Research,115:F1010.

RADIĆ V,HOCK R,2011. Regional differentiated contribution of mountain glaciers and ice caps to future sea-level rise[J]. Nature Geoscience,4(2):91-94.

RADIĆ V,BLISS A,BEEDLOW A C,et al,2013. Regional and global projections of 21st century glacier mass changes in response to climate scenarios from global climate models[J]. Climate Dynamics,42(1-2):37-58.

RADIĆ V,HOCK R,2014. Glaciers in the earth's hydrological cycle:Assessments of glacier mass and runoff changes on global and regional scales[J]. Surveys in Geophysics,35(3):813-837.

RAO A R,BHATTACHARY D,1999. Hypothesis testing for long-term memory in hydrologic series[J]. Journal of Hydrology,216(3):183-196.

RAPER S C B,BRAITHWAITE R J,2006. Low sea level rise projections from mountain glaciers and icecaps under global warming[J]. Nature,439(7074):311-313.

REEH N,1991. Parameterization of melt rate and surface temperature on the Greenland ice sheet[J]. Polarforschung,59(3):113-128.

REIJMER C H,HOCK R,2008. Internal accumulation on Storglaciären,Sweden,in a multi-layer snow model coupled to a distributed energy-and mass-balance model[J]. Journal of Glaciology,54(184):61-72.

SAKAI A,MATSUDA Y,FUJITA K,et al,2006. Hydrological observations at July 1st Glacier in northwest China from 2002 to 2004[J]. Bulletin of Glaciological Research,23:33-39.

SANTHI C,ARNOLD J G,WILLIAMS J R,et al,2001. Validation of the SWAT model on a large rwer basin with point and nonpoint sources[J]. Jawra Journal of the American Water Resources Association,37(5):1169-1188.

SCHUOL J,ABBASPOUR K C,YANG H,et al,2008. Modeling blue and green water availability in Africa [J]. Water Resources Research,44(7):212-221.

SHEPHERD A,IVINS E R,GERUO A,et al,2012. A reconciled estimate of ice-sheet mass balance[J]. Science,338(6111):1183.

SHI P H,DUAN K Q,LIU H C,et al,2016. Response of Xiao Dongkemadi glacier in the central Tibetan plateau to the current climate change and future scenarios by 2050[J]. Journal of Mountain Science,13(1):13-28.

SU F G,ZHANG L L,OU T,et al,2016. Hydrological response to future climate changes for the major upstream river basins in the Tibetan plateau[J]. Global & Planetary Change,136:82-95.

SUN W J,QIN X,REN J W,et al,2012. The surface energy budget in the accumulation zone of the Laohugou Glacier No. 12 in the Western Qilian Mountains,China,in summer 2009[J]. Arctic,Antarctic,and Alpine Research,44(3):296-305.

TANGBORN W V,1984. Prediction of glacier derived runoff for hydroelectric development[J]. Geografiska Annualer,66A(3):257-265.

TAPLEY B D,BETTADPUR S,RIES J C,et al,2004. GRACE measurements of mass variability in the earth system[J]. Science,305(5683):503-505.

VINCENT F,PATRICK W,JEAN-PHILIPPE C,et al,2004. One-year measurements of surface heat budget on the ablation zone of Antizana Glacier 15, Ecuadorian Andes [J]. Journal of Geophysical Research,109:D18105.

VIVIROLI D,DÜRR H H,MESSERLI B,et al,2007. Mountains of the world,water towers for humanity:Typology,mapping,and global significance[J]. Water Resources Research,43:W07447.

WALLIS J R,MATALAS N C,1970. Small sample properties of H and K-Estimations of the Hurst cofficient

[J]. Water Resource Research,16(6):1583-1594.

WANG S,WANG J F,PU J C,2016. Application of a distributed degree-day model of glaciers in the upper reaches of the Beida River Basin[J]. Environmental Earth Sciences,75(493):1-14.

WANG S,YAO T D,TIAN L D,et al,2017. Glacier mass variation and its effect on surface runoff in the Beida River catchment during 1957—2013[J]. Journal of Glaciology,63(239):523-534.

WANG S,LI Q,WANG J F,2021. Quantifying the contributions of climate change and human activities to the dramatic reduction in runoff in the Taihang Mountain region,China[J]. Applied Ecology and Environmental Research,19(1):119-131.

WANG S,LI W J,LI Q,et al,2022a. Ecological security pattern construction in Beijing-Tianjin-Hebei region based on hotspots of multiple ecosystem services[J]. Sustainability,14(2):699.

WANG S,YAO T D,PU J C,2022b. Response of glaciers to future climate change in the Beida River catchment,Northeast Tibetan Plateau[J]. Journal of Mountain Science,19(12):3582-3596.

WANG S,XU M F,LI Q,et al,2023a. Analysis on trend evolution and driving factors of soil protection services in eastern sandy region of China[J]. Ecological Indicators,154:110816.

WANG S,YAO T D,PU J C,et al,2023b. Historical reconstruction and future projection of mass balance and ice volume of Qiyi Glacier, Northeast Tibetan Plateau [J]. Journal of Hydrology: Regional Studies, 47:101403.

WANG S,WANG J W,ZHU M L,et al,2024. Long-term glacier variations and the response to climate fluctuation in Qilian Mountains,China[J]. Journal of Geographical Sciences,34(10):1904-1924.

World Glacier Monitoring Service(WGMS),2013. Glacier mass balance bulletin No. 1-No. 12[M]. Switzerland:Department of Geography University of Zurich.

World Glacier Monitoring Service(WGMS),2015. Global glacier change bulletin No. 1(2012—2013)[M]. Switzerland:Department of Geography University of Zurich.

WOUL M D,HOCK R,2005. Static mass-balance sensitivity of Arctic glaciers and ice caps using a degree-day approach[J]. Annals of Glaciology,42(1):217-224.

WU L H,LI H L,WANG L,2011. Application of a degree-day model for determination of mass balance of Ürümqi Glacier No. 1,Eastern Tianshan,China[J]. Journal of Earth Science,22(4):470-481.

YANG J,REICHERT P,ABBASPOUR K C,et al,2008. Comparing uncertainty analysis techniques for a SWAT application to the Chaohe Basin in China[J]. Journal of Hydrology,358(1):1-23.

YANG W,YAO T,GUO X,et al,2013. Mass balance of a maritime glacier on the Southeast Tibetan Plateau and its climatic sensitivity[J]. Journal of Geophysical Research,118(17):9579-9594.

YAO T D,WANG Y Q,LIU S Y,et al,2004. Recent glacial retreat in high asia in China and its impact on water resource in Northwest China[J]. Science in China (Ser. D),47(12):1065-1075.

YAO T D,YU W S,2007. Recent glacial retreat and its impact on hydrological processes on the Tibetan Plateau,China,and surrounding regions[J]. Arctic,Antarctic,and Alpine Research,39(4):642-650.

YAO T D,THOMPSON L,YANG W,et al,2012. Different glacier status with atmospheric circulations in Tibetan Plateau and surroundings[J]. Nature Climate Change,2(9):663-667.

ZEMP M,JANSSON P,HOLMLUND P,et al,2010. Reanalysis of multitemporal aerial images of Storglaciären,Sweden (1959—1999)—Part 2:Comparison of glaciological and volumetric mass balances[J]. Cryosphere,4(3):345-357.

ZEMP M,FREY H,GÄRTNER-ROER I,et al,2012. Fluctuations of Glaciers 2005—2010, Volume X[M]. Zurich,Switzerland:ICSU(WDS)/IUGG(IACS)/UNEP/UNESCO/WMO,World Glacier Monitoring Service,336.

ZEMP M,THIBERT E,HUSS M,et al,2013. Uncertainties and re-analysis of glacier mass balance measurements[J]. Cryosphere Discussions,7(2):789-839.

ZHANG S Q,GAO X,ZHANG X W,et al,2012a. Projection of glacier runoff in Yarkant River basin and Beida River basin,Western China[J]. Hydrological Processes,26(18):2773-2781.

ZHANG S Q,GAO X,YE B S,et al,2012b. A modified monthly degree-day model for evaluating glacier runoff changes in China. Part II:Application[J]. Hydrological Processes,26(11):1697-1706.

ZHANG S Q,YE B S,LIU S Y,et al,2012c. A modified monthly degree-day model for evaluating glacier runoff changes in China. Part I:Model development[J]. Hydrological Processes,26(11):1686-1696.

ZHANG G S,KANG S C,FUJITA K,et al,2013a. Energy and mass balance of Zhadang glacier surface,central Tibetan Plateau[J]. Journal of Glaciology,59(213):137-148.

ZHANG L L,SU F G,YANG D,et al,2013b. Discharge regime and simulation for the upstream of major rivers over Tibetan Plateau[J]. Journal of Geophysical Research-Atmospheres,118(15):8500-8518.

ZHAO L J,YIN L,XIAO H L,et al,2011. Isotopic evidence for the moisture origin and composition of surface runoff in the headwaters of the Heihe River basin[J]. Chinese Science Bulletin,56(4):406-415.

ZHAO Q D,YE B S,DING Y J,et al,2013. Coupling a glacier melt model to the Variable Infiltration Capacity (VIC) model for hydrological modeling in North-Western China[J]. Environmental Earth Sciences,68(1):87-101.

ZHAO H B,YANG W,YAO T D,et al,2016. Dramatic mass loss in extreme high-elevation areas of a Western Himalayan glacier:Observations and modeling[J]. Scientific Reports,6:30706.

ZHENG H X,ZHANG L,LIU C M,et al,2007. Changes in stream flow regime in headwater catchments of the Yellow River basin since the 1950s[J]. Hydrological Processes,21:886-893.

ZHU M L,YAO T D,YANG W,et al,2015. Energy-and mass-balance comparison between Zhadang and Parlung No. 4 glaciers on the Tibetan Plateau[J]. Journal of Glaciology,61(227):595-606.

ZHU M L,YAO T D,YANG W,et al,2017. Differences in mass balance behavior for three glaciers from different climatic regions on the Tibetan Plateau[J]. Climate Dynamics,195:1-28.

ZWALLY H J,SCHUTZ R,ABDALATI W,et al,2002. Icesat's laser measurements of polar ice,atmosphere, ocean and land[J]. Journal of Geodynamics,34(4):405-445.